中华青少年科学文化博览丛书・科学技术卷 >>>

图说来自太阳的能量——太阳能

中华青少年科学文化博览丛书·科学技术卷

来自太阳的能量——太阳能

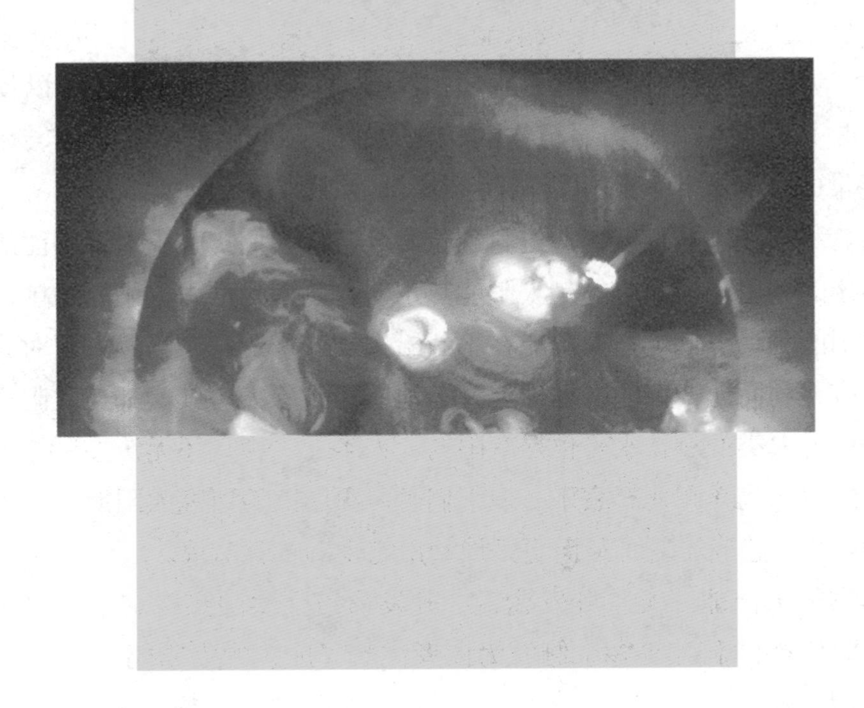

吉林出版集团有限责任公司 | 全国百佳图书出版单位

前 言

生命起源需要能量，生命要维持和延续也需要能量。一定的温度条件也是生物生存和延续所必需的。太阳不仅给我们带来温暖和光明，也为我们提供了必需的能量。正如俗话所说的“万物生长靠太阳”，太阳能是一个古老的能源，来自地球外部天体的能源（主要是太阳能），人类所需能量的绝大部分都直接或间接地来自太阳。

据研究，太阳形成于50亿年前，它的寿命还有50亿年，现在处于相对成熟稳定的阶段，这有利于地球上生命的存在和发展。最初人们把太阳作为神来崇拜，实际上，人类出现之前，这种能源即已存在。

植物对太阳能的利用比人类要早。植物利用光合作用等一系列化学反应，将太阳能转化，从而汲取能量，生长起来。人类早就开始想象，我们生活中的其它物品，能不能像植物一样，光靠太阳能就可以使用呢？于是科学家们开始仿照植物的转化过程，制造出能将太阳能转化成其它能量的设备，为我们生活与生产提供能量。

随着科学技术的发展，通过科学技术装备，人们扩大了对太阳能的直接或间接的利用。最简单的是太阳能热水器，然后是利用太阳能发电，再有用太阳能驱动车辆等，太阳能在不断给人类带来便利。当然太阳对我们也不是有百利而无一害的，地球上许多地质和气象灾害其实都与太阳活动有关，再说人类的科技水平也是有限的，人类至少现在还无法控制这个庞然大物的生老病死和喜怒哀乐。但人们可以更深入地研究太阳能，了解它的各种规律，趋利避害，从而更好地利用它来为人类造福。

本书从太阳能分类、开发途径、开发历史、太阳热能利用、空间太阳能、太阳能的利弊等多个侧面为读者详解了庞大的太阳能。

希望这本书能帮助大家更好地了解太阳能，给大家深刻的启迪。

目 录

第1章 科学与仿生——太阳能的来历

第2章 见证古老的绿色能源——太阳能揭秘

第3章 天使还是魔鬼——太阳能的争议

目录

第4章 古法新用——光热转换

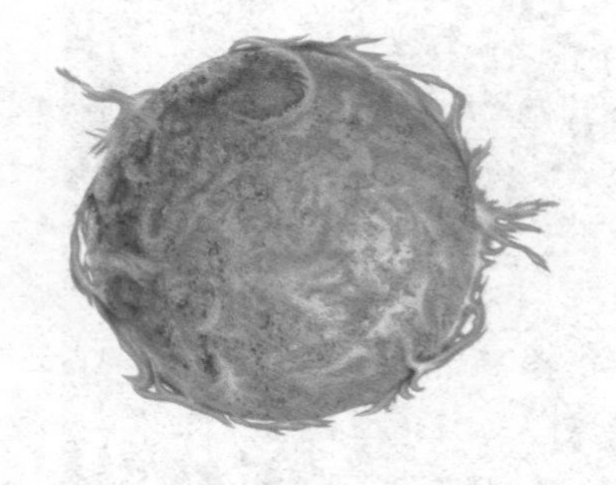

第5章 打开潘多拉盒子——光电转换

第6章 造福人类—太阳能与未来世界

第1章

科学与仿生
——太阳能的来历

◎ 来自自然界的灵感

◎ “太阳能”的由来

◎ 可再生的能源

◎ 太阳能电池的面世

◎ 与众不同的太阳能电池

◎ 太阳能电池的分类

第1章 科学与仿生——太阳能的来历

一、来自自然界的灵感

太阳能是一个古老的能源，人类出现之前，这种能源就已存在。植物对太阳能的利用比人类要早。植物利用光合作用等一系列化学反应，将太阳能转化，从而汲取能量，生长起来。

阳光与植物

人类早就开始想象，我们生活中的其它物品，能不能像植物一样，光靠太阳能就可以使用呢？科学家们早就已经关注这个问题了。开始仿照植物的转化过程，制造出能将太阳能转化成其它能量的设备，为我们生活与生产提供能量。

除了植物的能量转化过程给人们启迪以外，植物的外形也让科学家们在研发太阳能使用的时候豁然开朗。

说起太阳，我们很容易会想起一种能跟着太阳走的花朵——向日葵。向日葵花盘上的众多小花排列有致，形成了一幅规则有序的几何图案。这给在太阳能发电厂中用在聚集太阳光进行发电的太阳能聚光镜阵列的改进带来了新的灵感。这种受向日葵启发而设计的阵列布局可以使聚光太阳能热发电站（CSP）的占地面积降低20%，这对在一定程度上受大规模土地需求制约的太阳能发电技术来说非常有益。

太阳能能量转换

CSP发电厂采用巨大的聚光镜阵列，每个阵列都有半个网球场的大小。在传统的阵列布局中，聚光镜都是以中心塔为圆心向周围一圈圈层递排列。但这样的设计很占地方。考虑到这种传统排列方式对土地的庞大需求，麻省理工大学机械工程师和他的同事正在寻找一种改良的布局方式。

知识卡片

聚光镜

聚光镜又名聚光器，装在载物台的下方，将电子束聚集，可用已控制照明强度和孔径角。小型的显微镜往往无聚光镜，在使用数值孔径0.40以上的物镜时，则必须具有聚光镜。聚光镜不仅可以弥补光量的不足和适当改变从光源射来的光的性质，而且将光线聚焦于被检物体上，以得到最好的照明效果。

聚光镜的的结构有多种，同时根据物镜数值孔径的大小，相应地对聚光镜的要求也不同。

西班牙Gemsolar发电阵列卫星图

向日葵花盘

第1章 科学与仿生——太阳能的来历

二、“太阳能”的由来

太阳能是来自地球外部天体的能源（主要是太阳能），人类所需能量的绝大部分都直接或间接地来自太阳。各种植物正是通过光合作用把太阳能转变成化学能在植物体内贮存下来。煤炭、石油、天然气等化石燃料也是由古代埋在地下的动植物经过漫长的地质年代形成的。它们实质上是由古代生物固定下来的太阳能。此外，水能、风能等也都是由太阳能转换来的。

煤炭

太阳能的利用有两种，分别是直接利用和间接利用。直接利用太阳能：集热器（有平板型集热器、聚光式集热器）（光能—内能），太阳能电池（光能—电能），一般应用在人造卫星、宇宙飞船、打火机、手表等方面。间接利用太阳能：化石能源（光能—化学能），生物质能（光能—化学能）。而我们现在所说的“太阳能”一般是指能直接利用的太阳辐射能。

太阳能的利用

据有关资料记载，人类利用太阳能已有3000多年的历史了。但将太阳能作为一种能源和动力加以利用，只有300多年的历史。真正将太阳能作为“未来能源结构的基础”、“近期急需的补充能源”，则是近几十年来的事。20世纪70年代以来，太阳能科技突飞猛进，太阳能利用日新月异。近代太阳能利用历史可以从1615年法国工程师所罗门·德·考克斯在世界上发明第一台太阳能驱动的发动机算起。

1870年，船长约翰·爱立信的凹镜聚光式太阳能发动机

该发明是一台利用太阳能加热空气使其膨胀做功而抽水的机器。在1615年–1900年期间，世界上又研制成多台太阳能动力装置和一些其它太阳能装置。这些动力装置几乎全部采用聚光方式采集阳光，发动机功率不大，工质主要是水蒸汽，价格昂贵，实用价值不大，大部分为太阳能爱好者个人研究制造。

太阳能自行车

20世纪的100年间，人类不断开发利用太阳能。虽然成绩斐然，但太阳能发展道路并不平坦，一般每次高潮期后都会出现低潮期，处于低潮的时间大约有45年。

太阳能利用的发展历程与其它能源，如煤、核能、石油完全不同，人们对其认识反复多，差异大，发展时间长。这一方面说明太阳能开发难度大，短时间内很难实现大规模利用；另一方面也说明太阳能利用还受矿物能源供应，政治和战争等因素的影响，发展道路比较曲折。尽管如此，从总体来看，20世纪取得的太阳能科技进步仍比以往任何一个世纪都快。太阳能如今是人们生活中不可缺少的一部分了。

知识卡片

光合作用

光合作用就是光能合成作用，是植物、藻类和某些细菌，在可见光的照射下，经过光反应和碳反应，利用光合色素，将二氧化碳（或硫化氢）和水转化为有机物，并释放出氧气（或氢气）的生化过程。光合作用是一系列复杂的代谢反应的总和，是生物界赖以生存的基础，也是地球碳氧循环的重要媒介。

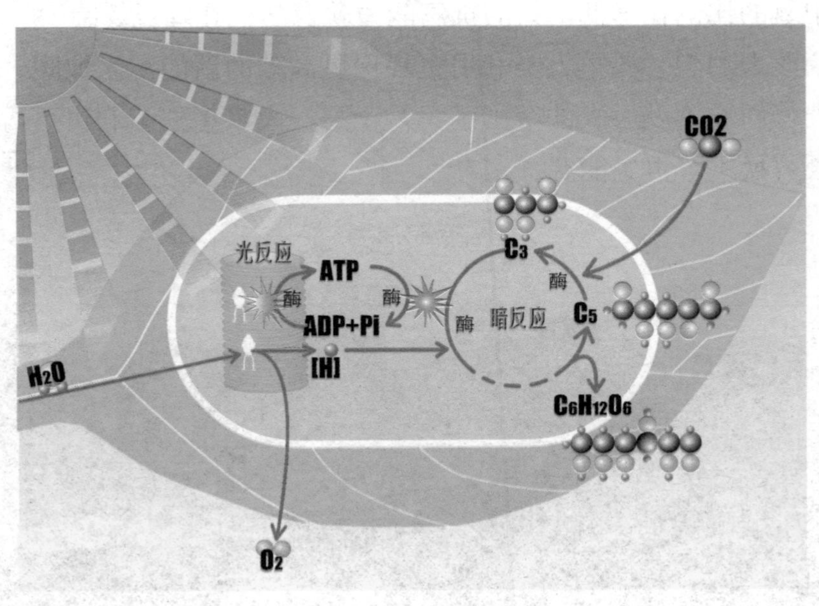

第1章 科学与仿生——太阳能的来历

三、可再生的能源

我们现在普遍使用的能源都是不可再生的，如石油、煤炭、天然气等。这些能源只能使用一次，不可重复利用，用完了就没有了。现代社会，人们对能源的需求不断增大，而这些不可再生的能源始终会有用完的一天，那怎么办呢？

开采石油

有科学研究发现，光是冬季取暖这一项消耗，整个地球人由于一年所用的燃料煤可以造一个上海的崇明岛，运输燃料所用的能源的价值可以使我国发射人造航器100多次。而且，燃料燃烧产生的废气有数十亿吨在危害人类的生存，大气在急剧变暖；燃料燃烧消耗大量的氧气，使大气中氧的比例在降低，人的抗病能力就自然也在降低。

因此人们想，冬季人类利用更环保更高效的新能源来取暖，以上所有的严峻问题不就大大的缓解了吗？于是，大家想到了利用可再生能源来逐渐替换不可再生能源。

庞大的能源需求

可再生能源是来自大自然的能源，例如太阳能、风力、潮汐能、地热等。人们称它们为“取之不尽，用之不竭”的能源，是相对于会穷尽的不可再生能源的一种能源。

国际能源总署可再生能源工作小组指出，可再生能源是指“从持续不断地补充的自然过程中得到的能量来源”。可再生能源泛指多种取之不竭的能源，严谨来说，是人类有生之年都不会耗尽的能源。大部分的可再生能源其实都是太阳能的储存。

单单是太阳光就可以满足全世界2850倍的能源需求。它资源丰富，既可免费使用，又无需运输，对环境无任何污染。为人类创造了一种新的生活形态，使社会及人类进入一个节约能源减少污染的时代。

丰富的太阳能资源

知识卡片

风能

风能是因空气流做功而提供给人类的一种可利用的能量。空气流具有的动能称风能。空气流速越高，动能越大。

人们可以用风车把风的动能转化为旋转的动作去推动发电机，以产生电力，方法是透过传动轴，将转子（由以空气动力推动的扇叶组成）的旋转动力传送至发电机。到2008年为止，全世界以风力产生的电力约有94.1百万千瓦，供应的电力已超过全世界用量的1%。

潮汐能

潮汐能是指从海水面昼夜间的涨落中获得的能量。在涨潮或落潮过程中，海水进出水库带动发电机发电。潮汐能是一种水能，它将潮汐的能量转换成电能及其它种有用形式的能源。历史上，潮水(动力)工厂已在欧洲和北美的大西洋沿岸投入使用。其最早可追溯到中世纪，甚至罗马时代。现代第一座大型潮汐电站（朗斯潮汐电站）在1966年投入使用。

虽然尚未得到广泛应用，潮汐能未来将有潜力发电。潮汐比风能和太阳能具有更强的预测性。在可再生能源的来源中，潮汐能历来都一直受限于高成本和（具有足够高的潮差和流速的）可行地点的局限性，因而进一步限制了其总体可行性。然而，许多新技术在设计（如动态潮汐能）和涡轮机技术（如新式轴流式轮机、双击式水轮机）上的开发和改进，表明潮汐能的总体可行性可以远高于之前的假设，同时经济和环境成本可以降到具有竞争力的水平。

地热能

地热能是由地壳抽取的天然热能，这种能量来自地球内部的熔岩，并以热力形式存在，是引致火山爆发及地震的能量。地球内部的温度高达摄氏7000度，而在80～100千米的深度处，温度会降到650～1200摄氏度。透过地下水的流动和熔岩涌至离地面1～5千米的地壳，热力得以被转送至较接近地面的地方。高温的熔岩将附近的地下水加热，这些加热了的水最终会渗出地面。运用地热能最简单和最合乎成本效益的方法，就是直接取用这些热源，并抽取其能量。

人类很早以前就开始利用地热能。例如，利用温泉沐浴、医疗，利用地下热水取暖、建造农作物温室、水产养殖及烘干谷物等。但真正认识地热资源并进行较大规模的开发利用却是从20世纪中叶开始。

第1章 科学与仿生——太阳能的来历

四、太阳能电池的面世

太阳能电池是将太阳能转化为电能的装置。太阳能电池又称为“太阳能芯片”或光电池，是一种利用太阳光直接发电的光电半导体薄片。它只要被光照到，瞬间就可输出电压及电流。在物理学上称为太阳能光伏（缩写为PV），简称光伏。太阳能专家的任务就是要完成制造电压的工作。因为要制造电压，所以完成光电转化的太阳能电池是阳光发电的关键。

太阳电池发展历史可以追溯1839年，当时的法国物理学家发现了光伏特效应。

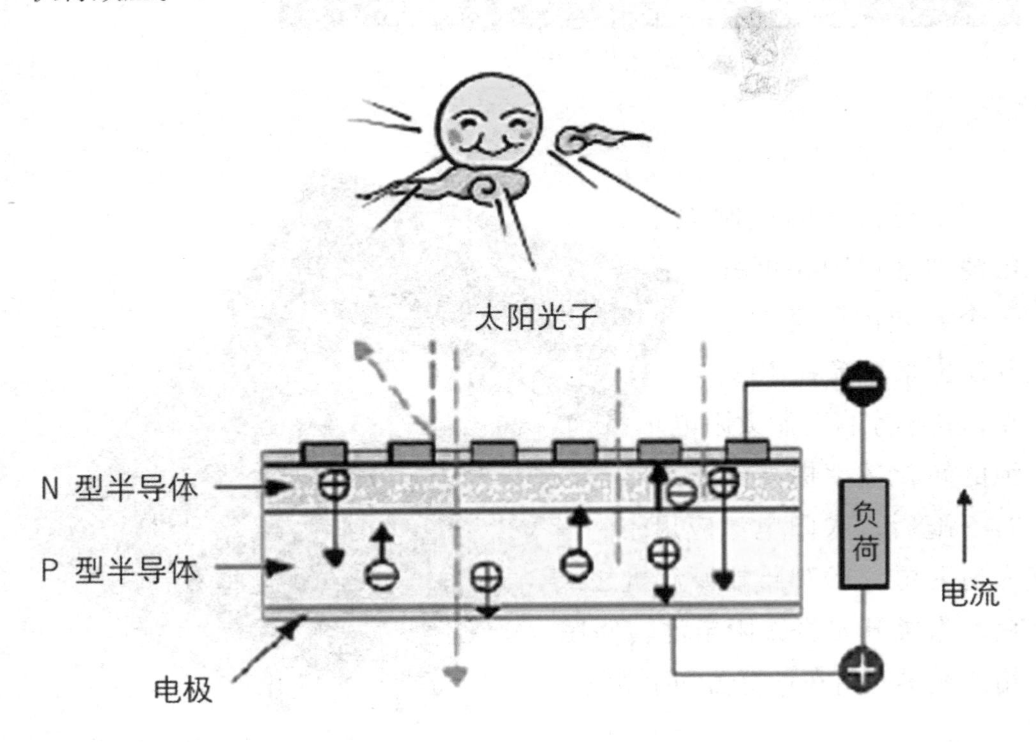

太阳光伏电池的光电转换系统

直到1883年，第一个硒制太阳电池才由美国科学家所制造出来。在1930年代，硒制电池及氧化铜电池已经被应用在一些对光线敏感的仪器上，例如光度计及照相机的曝光针上。1954年，美国贝尔实验室制成了世界上第一块单晶硅太阳能电池，从此实现了人类将太阳能转化为电能的理想。

单晶硅太阳能电池板

而现代化的硅制太阳电池则直到1946年由一个半导体研究学者开发出来。接着在1954年，科学家将硅制太阳电池的转化效率提高到6%左右。随后，太阳电池应用于人造卫星。1973年能源危机之后，人类开始将太阳电池转向民用。最早应用在计算器和手表等。

太阳能计算器

1974年，科学家利用硅的非等方性的蚀刻特性，慢慢的将太阳电池表面的硅结晶面，蚀刻出许多类似金字塔的特殊几何形状。有效降低太阳光从电池表面反射损失，这使得当时的太阳电池能源转换效率达到17%。1976年以后，如何降低太阳电池成本成为业内关心的重点。1990年以后，电池成本降低使得太阳电池进入民间发电领域，太阳电池开始应用于并网发电。

硅系列太阳能电池中，单晶硅太阳能电池转换效率最高，技术也最为成熟。高性能单晶硅电池是建立在高质量单晶硅材料和相关的成热的加工处理工艺基础上的。现在单晶硅的电池工艺已近成熟，在电池制作中，一般都采用表面织构化、发射区钝化、分区掺杂等技术，开发的电池主要有平面单晶硅电池和刻槽埋栅电极单晶硅电池。提高转化效率主要是靠单晶硅表面微结构处理和分区掺杂工艺。

单晶硅

在此方面，德国夫朗霍费费莱堡太阳能系统研究所保持着世界领先水平。该研究所采用光刻照相技术将电池表面织构化，制成倒金字塔结构。并在表面把一块13纳米厚的氧化物钝化层与两层减反射涂层相结合。通过改进了的电镀过程增加栅极的宽度和高度的比率：通过以上制得的电池转化效率超过23%，最大值可达23.3%。Kyocera公司制备的大面积(225平方厘米)单电晶太阳能电池转换效率为19.44%，国内北京太阳能研究所也积极进行高效晶体硅太阳能电池的研究和开发，研制的平面高效单晶硅电池(2厘米 × 2厘米)转换效率达到19.79%，刻槽埋栅电极晶体硅电池(5厘米 × 5厘米)转换效率达8.6%。

单晶硅太阳能电池转换效率无疑是最高的，在大规模应用和工业生产中仍占据主导地位，但由于受单晶硅材料价格及相应的繁琐的电池工艺影响，致使单晶硅成本价格居高不下，要想大幅度降低其成本是非常困难的。为了节省高质量材料，寻找单晶硅电池的替代产品，现在发展了薄膜太阳能电池，其中多晶硅薄膜太阳能电池和非晶硅薄膜太阳能电池就是典型代表。

目前，单晶硅与多晶硅太阳能板的利用各有不同。基本上，多晶硅太阳能电池板顾名思义，来自含有多个结晶的硅基板，是目前最为常见的面板类型。由于硅结晶不同的原因，这种太阳能电池板的效率比单晶硅略低，但是在组合成太阳能电池阵列的时候，单片太阳能电池板的瓦特数差异比前者要小。目前在国内试用的多晶硅电池板需要封装在环氧树脂中或夹在玻璃基板里面进行保护。

所谓单晶硅太阳能板适用在高纬度国家等弱光地区，是从大片的硅晶体上切割来的，表面铺设银箔或相应电极。目前来说，这种基板的太阳能电池具有最高的效率，但同时这种硅片也是成本最高的。通常在光线较弱的时候有较好的效果。在使用性质上单晶硅太阳能板与大部分太阳能电池具有很多共同点：重量大，易碎，必须附着在环氧树脂内或玻璃板内，一次性投入较大等。

多晶硅太阳能板

知识卡片

半导体

半导体是指一种导电性可受控制，范围可从绝缘体至导体之间的材料。无论从科技或是经济发展的角度来看，半导体的重要性都是非常巨大的。

当今大部分的电子产品，如电脑、移动电话或是数位录放音机当中的核心单元都和半导体有着极为密切的关连。常见的半导体材料有硅、锗、砷化镓等，而硅更是各种半导体材料中，在商业应用上最具有影响力的一种。

贝尔实验室

贝尔电话实验室或贝尔实验室，最初是贝尔系统内从事包括电话交换机、电话电缆、半导体等电信相关技术的研究开发机构。贝尔实验室的工作可以大致分为三个类别：基础研究、系统工程和应用开发。在基础研究方面主要从事电信技术的基础理论研究，包括数学、物理学、材料科学、行为科学和计算机编程理论。系统工程主要研究构成电信网络的高度复杂系统。

开发部门是贝尔实验室最大的部门，负责设计构成贝尔系统电信网络的设备和软件。贝尔实验室自成立以来共推出27000多项专利，现在平均每个工作日推出4项专利。

单晶硅

它是硅的单晶体，具有基本完整的点阵结构的晶体。不同的方向具有不同的性质，是一种良好的半导体材料。纯度要求达到99.9999%，甚至达到99.9999999%以上。用在制造半导体器件、太阳能电池等。用高纯度的多晶硅在单晶炉内拉制而成。

光伏效应

“光生伏特效应”，简称“光伏效应”。光生伏特效应是指暴露在光线下的半导体或半导体与金属组合的部位间产生电势差的现象。光生伏特效应与光电效应密切相关，且同属内光电效应。在光电效应中，材料吸收了光子的能量产生了一些自由电子溢出表面。而在光生伏特效应中，由于材料内部的不均匀（例如当材料内部形成PN结时）在自建电场的作用下，受到激励的电子和失去电子的空穴向相反方向移动，而形成了正负两极。

在实际应用中的光能通常来自太阳能，这样的器件即是一般所指的太阳能电池。

第1章 科学与仿生——太阳能的来历

五、与众不同的太阳能电池

红外线监控器

太阳能电池发电是根据爱因斯坦的光电效应而运用于日常生活中。黑体(太阳)辐射出不同波长(频率)的电磁波，如红、紫外线，可见光等等。当这些射线照射在不同导体或半导体上，光子与导体或半导体中的自由电子作用产生电流。

射线的波长越短，频率越高，所具有的能量就越高，例如紫外线所具有的能量要远远高于红外线。但是并非所有波长的射线的能量都能转化为电能，值得注意的是光电效应与射线的强度大小无关，只有频率达到或超越可产生光电效应的阈值时，电流才能产生。必须波长小于1100纳米的光线才可以使晶体硅产生光电效应。

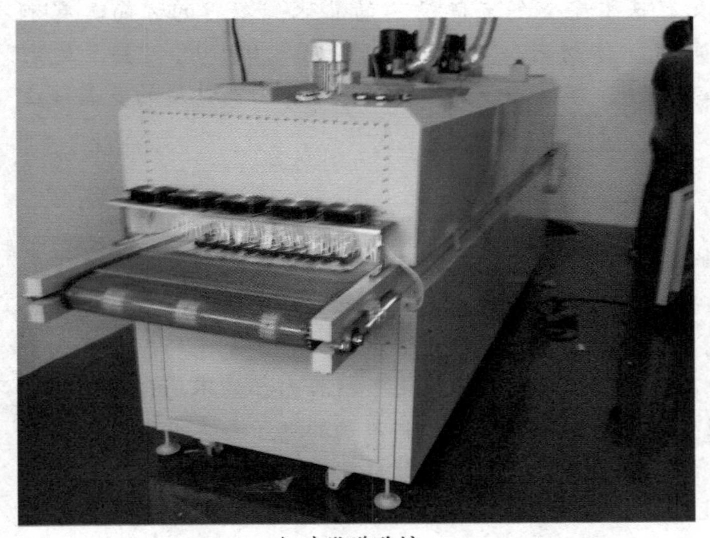
红外线隧道炉

太阳电池发电是一种可再生的环保发电方式，发电过程中不会产生二氧化碳等温室气体，不会对环境造成污染。按照制作材料分为硅基半导体电池、染料敏电池、有机材料电池等。按电池结构划分，太阳电池可分为晶体硅太阳电池和薄膜太阳电池。对于太阳电池来说最重要的参数是转换效率，目前在实验室所研发的硅基太阳能电池中，单晶硅太阳电池的效率为25.0%，多晶硅太阳电池的效率为20.4%，单晶体硅薄膜太阳电池的效率为16.7%，非晶硅薄膜太阳电池的效率为10.1%。

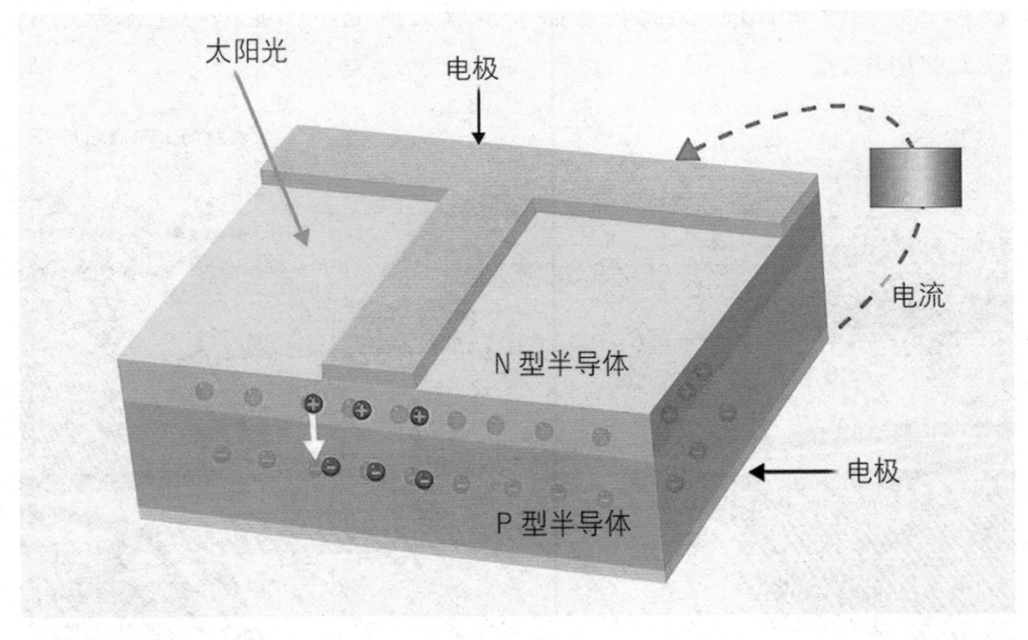

太阳能电池结构图

太阳电池是一种可以将能量转换的光电元件，其基本构造是运用P型与N型半导体接合而成的。半导体最基本的材料是“硅”，它是不导电的，但如果在半导体中掺入不同的杂质，就可以做成P型与N型半导体，再利用P型半导体有个电洞(P型半导体少了一个带负电荷的电子，可视为多了一个正电荷)，与N型半导体多了一个自由电子的电位差来产生电流，所以当太阳光照射时，光能将硅原子中的电子激发出来，而产生电子和空穴的对流，这些电子和空穴均会受到内建电位的影响，分别被N型及P型半导体吸引，而聚集在两端。此时外部如果用电极连接起来，形成一个回路，这就是太阳电池发电的原理。

简单的说，太阳光电的发电原理，是利用太阳电池吸收0.4～1.1纳米波长(针对硅晶)的太阳光，将光能直接转变成电能输出的一种发电方式。这个过程的实质是：光子能量转换成电能的过程。

由于太阳电池产生的电是直流电，因此若需提供电力给家电用品或各式电器则需加装直/交流转换器，换成交流电，才能供电至家庭用电或工业用电。

农村的太阳能利用

目前，太阳能电池的应用已从军事领域、航天领域进入工业、商业、农业、通信、家用电器以及公用设施等部门，尤其可以分散地在边远地区、高山、沙漠、海岛和农村使用，以节省造价很贵的输电线路。但是在目前阶段，它的成本还很高，发出1千瓦电需要投资上万美元，因此大规模使用仍然受到经济上的限制。

但是，从长远来看，随着太阳能电池制造技术的改进以及新的光—电转换装置的发明，各国对环境的保护和对再生清洁能源的巨大需求，太阳能电池仍将是利用太阳辐射能比较切实可行的方法，可为人类未来大规模地利用太阳能开辟广阔的前景。

太阳能发电厂

中国对太阳能电池的研究起步在1958年，20世纪80年代末期，国内先后引进了多条太阳能电池生产线，使中国太阳能电池生产能力由原来的3个小厂的几百千瓦一下子提升到4个厂的4.5兆瓦，这种产能一直持续到2002年，产量则只有2兆瓦左右。

目前，中国已成为全球主要的太阳能电池生产国。2007年全国太阳能电池产量达到1188兆瓦，同比增长293%。中国已经成功超越欧洲、日本为世界太阳能电池生产第一大国。在产业布局上，中国太阳能电池产业已经形成了一定的集聚态势。在长三角、环渤海、珠三角、中西部地区，已经形成了各具特色的太阳能产业集群。

知识卡片

光电效应

光电效应是物理学中一个重要而神奇的现象，在光的照射下，某些物质内部的电子会被光子激发出来而形成电流，即光生电。光电现象由德国物理学家赫兹在1887年发现，而正确的解释为爱因斯坦所提出。科学家们对光电效应的深入研究对发展量子理论起了根本性的作用。

光电效应实验装置

知识卡片

硅（矽）

中国大陆称作硅，中国台湾、港澳称作矽，是一种化学元素，它的化学符号是Si，它的原子序数是14，属于元素周期表上ⅣA族的类金属元素。

硅原子有四个外围电子，与同族的碳相比，硅的化学性质更为稳定。硅是极为常见的一种元素，然而它极少以单质的形式在自然界出现，而是以复杂的硅酸盐或二氧化硅的形式，广泛存在于岩石、砂砾、尘土之中。硅在宇宙中的储量排在第八位。在地壳中，它是第二丰富的元素，构成地壳总质量的25.7%，仅小于第一位的氧（49.4%）。

第1章 科学与仿生——太阳能的来历

六、太阳能电池的分类

太阳电池型式上也分有，基板式或是薄膜式，基板在制程上可分拉单晶式的、或相溶后冷却结成多晶的块材，薄膜式是可和建筑物有较佳结合，如有曲度或可绕式、折叠型，材料上较常用非晶硅。另外还有一种有机或纳米材料研发，仍属于前瞻研发。因此，也就是目前可听到不同时代的太阳电池：第一代基板硅晶、第二代为薄膜、第三代新观念研发、第四代复合薄膜材料。

第一代太阳能电池发展最长久技术也最成熟。可分为，单晶硅、多晶硅、非晶硅。

第二代薄膜太阳能电池以薄膜制程来制造电池。种类可分为多晶硅、非晶硅、碲化镉、铜铟硒化物、铜铟镓硒化物、砷化镓。

非晶硅太阳能电池板

薄膜太阳能电池

第三代电池与前代电池最大的不同是制程中导入有机物和纳米科技。种类有光化学太阳能电池、染料光敏化太阳能电池、高分子太阳能电池、纳米结晶太阳能电池。

第四代则是针对电池吸收光的薄膜做出多层结构。

某种电池制造技术。并不是仅能制造一种类型的电池，例如在多晶硅制程，就可制造出硅晶板类型，也可以制造薄膜类型。

纳米太阳能电池

知识卡片

多晶硅

多晶硅，是单质硅的一种形态。熔融的单质硅在过冷条件下凝固时，硅原子以金刚石晶格形态排列成许多晶核，如这些晶核长成晶面取向不同的晶粒，则这些晶粒结合起来，就结晶成多晶硅。利用价值：从目前国际太阳电池的发展过程可以看出其发展趋势为单晶硅、多晶硅、带状硅、薄膜材料（包括微晶硅基薄膜、化合物基薄膜及染料薄膜）。

第2章

见证古老的绿色能源——太阳能揭秘

◎ 奇妙的太阳
◎ 太阳的核聚变
◎ 太阳辐射
◎ 来自太阳的光能
◎ 中国的太阳能利用情况
◎ 世界各国的太阳能项目

一、奇妙的太阳

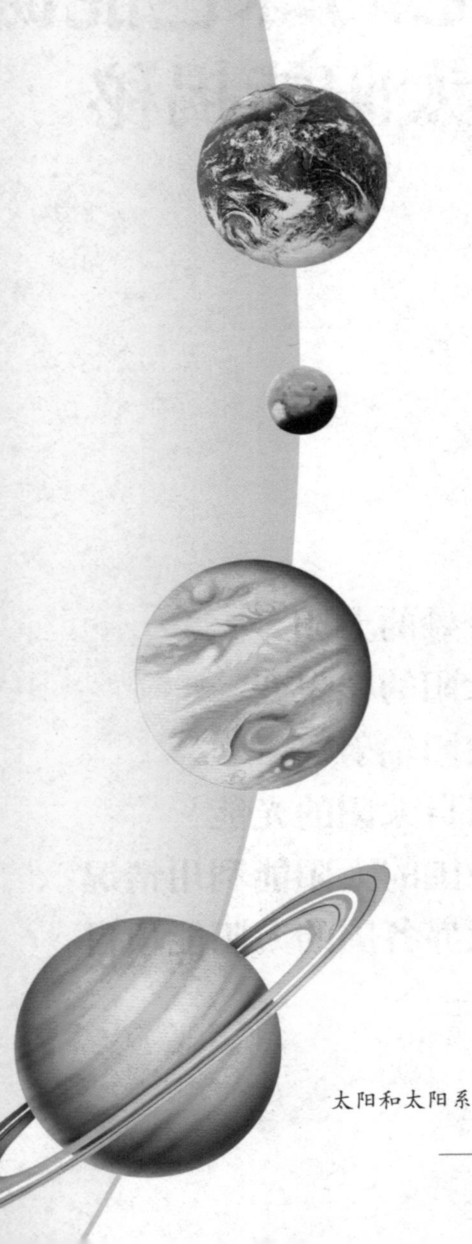

太阳的天文符号是⊙，象征着宇宙之卵，是生命的源泉。它是一个炽热的气态球体，直径为1.39×106千米，质量为1.989×1030千克，表面温度大约为6000℃，它是太阳系质量的99.8%。太阳是距离地球最近的恒星，是太阳系的中心天体。太阳系中的八大行星、小行星、流星、彗星、外海王星天体以及星际尘埃等，都围绕着太阳运行（公转）。太阳光度为383亿亿亿瓦，绝对星等为4.8。是一颗黄色G2型矮星，有效温度等于开氏5800度。太阳是通过核聚变来释放能量的，根据理论，太阳最后核聚变产生的物质是铁和铜等金属。

在茫茫宇宙中，太阳只是一颗非常普通的恒星，在广袤浩瀚的繁星世界里，太阳的亮度、大小和物质密度都处于中等水平。只是因为它离地球较近，所以看上去是天空中最大最亮的天体。其它恒星离我们都非常遥远，即使是最近的恒星，也比太阳远27万倍，看上去只是一个闪烁的光点。

太阳看起来很平静，实际上无时无刻不在发生剧烈的活动。太阳由里向外分别为太阳核反应区、太阳对流层、太阳大气层。其中心区不停地进行热核反应，所产生的能量以辐射方式向宇宙空间发射。其中二十二亿分之一的能量辐射到地球，成为地球上光和热的主要来源。

组成太阳的物质大多是些普通的气体，其中氢约占71.3%、氦约占27%，其它元素占2%。太阳从中心向外可分为核反应区、辐射区和对流区、太阳大气。太阳的大气层，像地球的大气层一样，可按不同的高度和不同的性质分成各个圈层，即从内向外分为光球、色球和日冕三层。我们平常看到的太阳表面，是太阳大气的最底层，温度约是6000开氏度。它是不透明的，因此我们不能直接看见太阳内部的结构。但是，天文学家根据物理理论和对太阳表面各种现象的研究，建立了太阳内部结构和物理状态的模型。

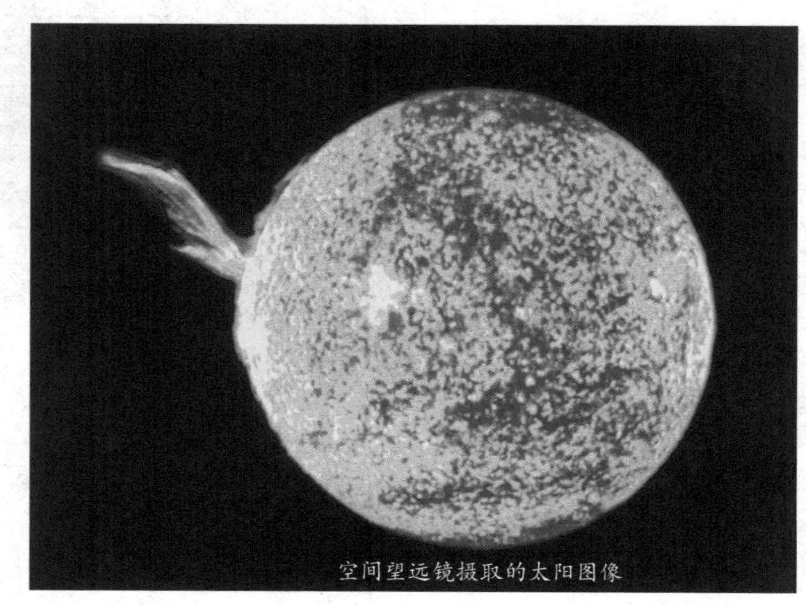
空间望远镜摄取的太阳图像

太阳的核心区域半径是太阳半径的1/4，约为整个太阳质量的一半以上。太阳核心的温度极高，达到1500万℃，压力也极大，使得由氢聚变为氦的热核反应得以发生，从而释放出极大的能量。这些能量再通过辐射层和对流层中物质的传递，才得以传送到达太阳光球的底部，并通过光球向外辐射出去。太阳中心区的物质密度非常高。每立方厘米可达160克。太阳在自身强大重力吸引下，太阳中心区处于高密度、高温和高压状态。是太阳巨大能量的发源地。太阳中心区产生的能量的传递主要靠辐射形式。

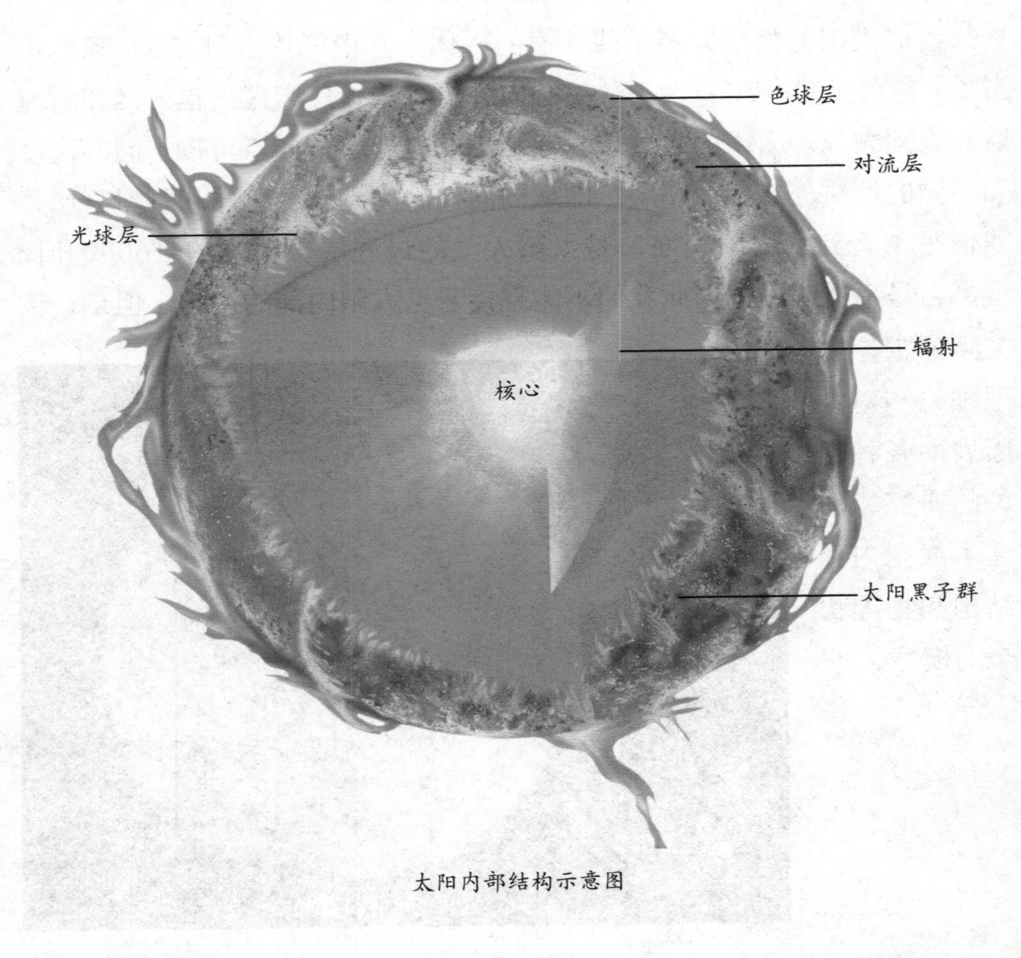

太阳内部结构示意图

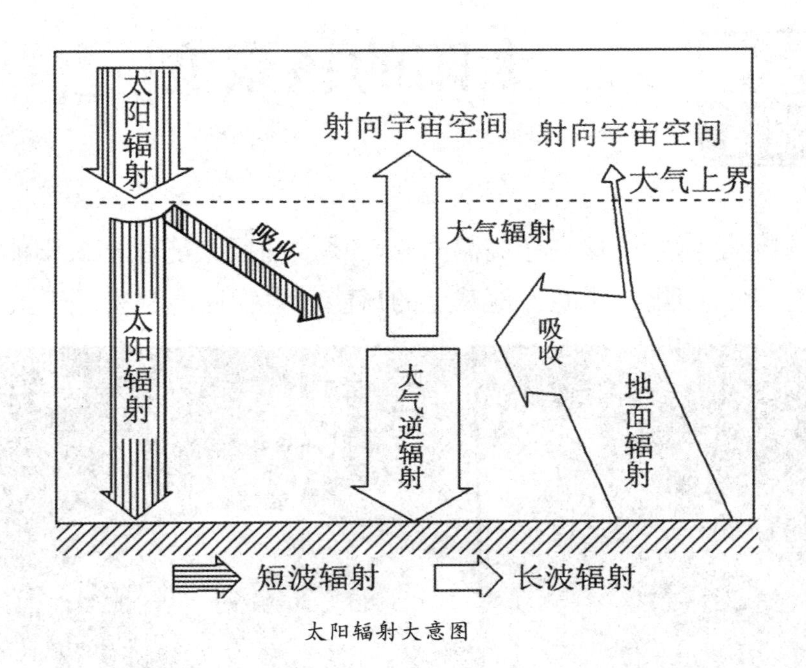

太阳辐射大意图

太阳中心区之外就是辐射层，辐射层的范围是从热核中心区顶部的0.25个太阳半径向外到0.71个太阳半径，这里的温度、密度和压力都是从内向外递减。从体积来说，辐射层占整个太阳体积的绝大部分。太阳内部能量向外传播除辐射，还有对流过程。即从太阳0.71个太阳半径向外到达太阳大气层的底部，这一区间叫对流层。这一层气体性质变化很大，很不稳定，形成明显的上下对流运动。是太阳内部结构的最外层。

我们现在所说的太阳能，从狭义上说，就是指上述太阳活动辐射出来的能量，名为太阳辐射能，又称太阳辐射热，是地球外部的全球性能源。地球表面及近地表处的温度场，取决于这类能量的均衡。

知识卡片

辐射

辐射有实意和虚意两种理解。实意可以指热，光，声，电磁波等物质向四周传播的一种状态。虚意可以指从中心向各个方向沿直线延伸的特性。辐射本身是中性词，但是某些物质的辐射可能会来到危害。

第2章 见证古老的绿色能源——太阳能揭秘

二、太阳的核聚变

太阳能是氢原子核在超高温时聚变释放的巨大能量，太阳能是人类能源的宝库，如化石能源、地球上的风能、生物质能都来源于太阳。

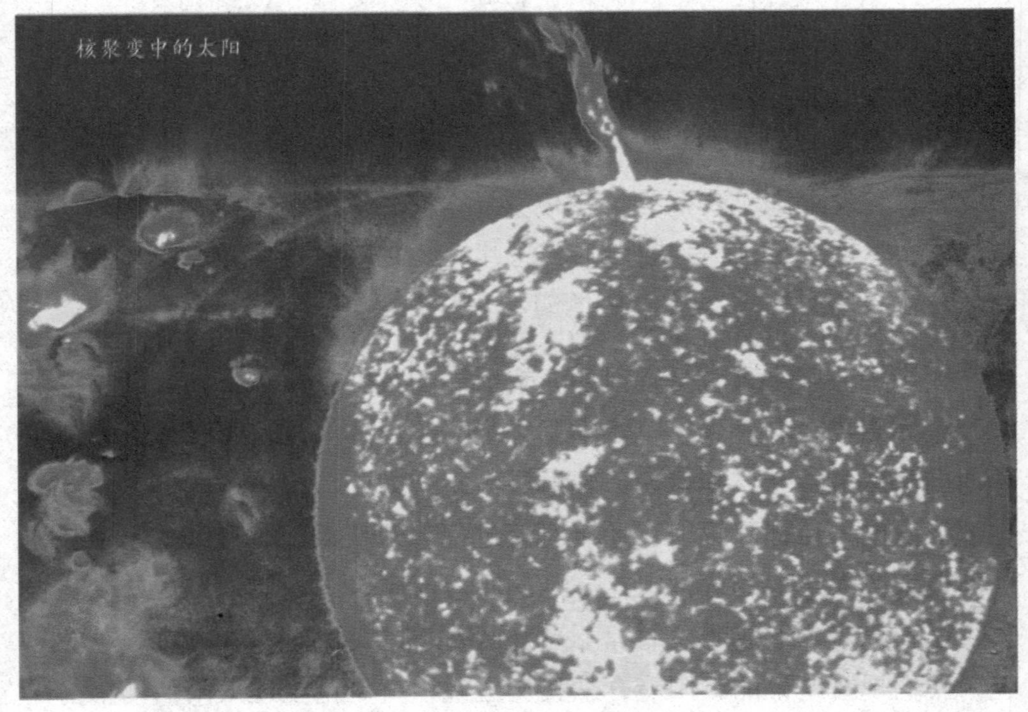

核聚变是指由质量小的原子，主要是指氘或氚，在一定条件下（如超高温和高压），发生原子核互相聚合作用，生成新的质量更重的原子核，并伴随着巨大的能量释放的一种核反应形式。原子核中蕴藏巨大的能量，原子核的变化（从一种原子核变化为另外一种原子核）往往伴随着能量的释放。如果是由重的原子核变化为轻的原子核，叫核裂变，如原子弹爆炸；如果是由轻的原子核变化为重的原子核，叫核聚变，如太阳发光发热的能量来源。

最初，剑桥卡文迪许实验室的英国化学家和物理学家阿斯顿，在用自己创制的摄谱仪从事同位素研究时发现，氦-4质量比组成氦的4个氢原子质量之和大约小1%左右。1929年，英国的阿特金森和奥地利的奥特斯曼联合撰文，证明氢原子聚变为氦的可能性，并认为太阳的光与热皆源自这种轻核聚变反应。

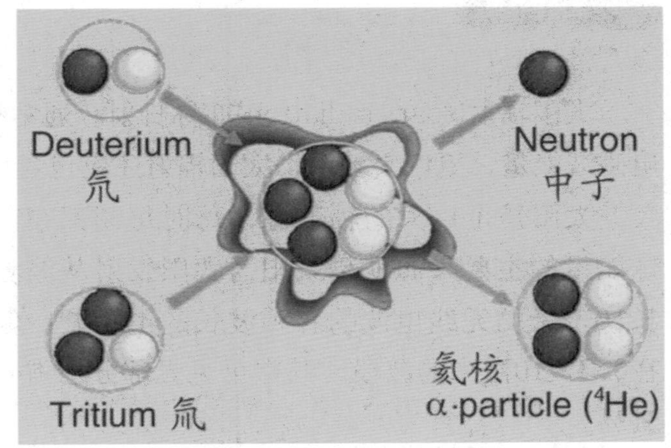

太阳核聚变示意图（想像图）

随后的研究证实，太阳发出的能量来自组成太阳的无数的氢原子核。在太阳中心的超高温和超高压下，这些氢原子核相互作用，发生核聚变，结合成较重的氦原子核，同时释放出巨大的光和热。

知识卡片

氚

氚（音“川”），也称超重氢，是氢的同位素之一，元素符号为T或3H。它的原子核由一个质子和两个中子所组成，并带有放射性，会发生β衰变，其半衰期为12.43年。

氘

氘为氢的一种稳定形态同位素，也被称为重氢，元素符号一般为D或2H。它的原子核由一颗质子和一颗中子组成。在大自然的含量约为一般氢的1/7000，用在热核反应。被称为“未来的天然燃料”。

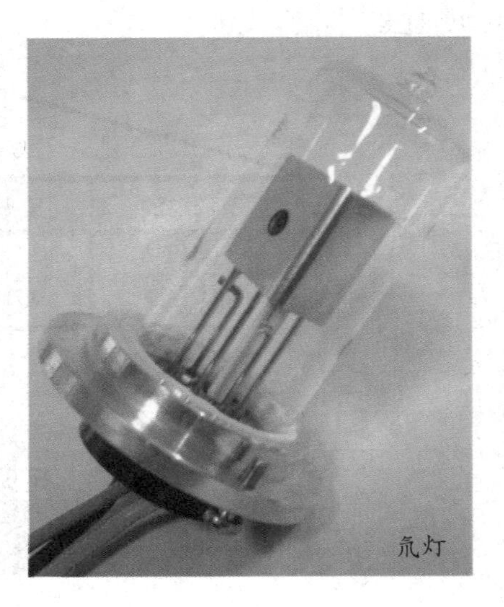

氘灯

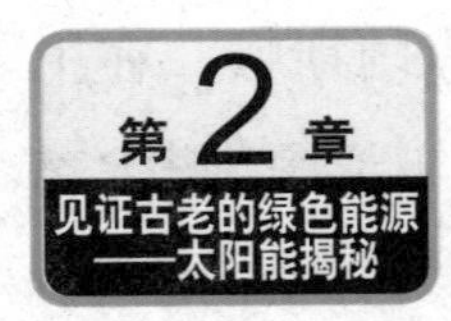

三、太阳辐射

太阳辐射(soar radiation)亦称日射。通常指太阳向周围空间发射的电磁波能量，更广义地讲，太阳辐射还应包含太阳抛射的大量粒子流。

太阳是个巨大的辐射源，每时每刻都在向空间辐射大量能量，地球能量的主要来源就是太阳。太阳发射从波长10−4A的γ射线直到波长10千米的无线电波的各种波长的电磁波，但99.9%的辐射能量集中在0.2～10微米的波段，其中可见光部分约占40%，紫外线9%，红外线51%。

各种波长的太阳辐射是从由不同高度和不同温度的太阳大气各层发射出来的。它的可见和红外辐射主要来自太阳光球，0.15微米以下的短波辐射主要来自色球和日冕的高温辐射。无线电厘米波由太阳色球发射，米波由日冕发射。太阳发射光谱经过漫长的地球大气后将发生吸收和散射等衰减过程，所以到达地表的太阳辐射与大气上界的太阳辐射有明显的不同。

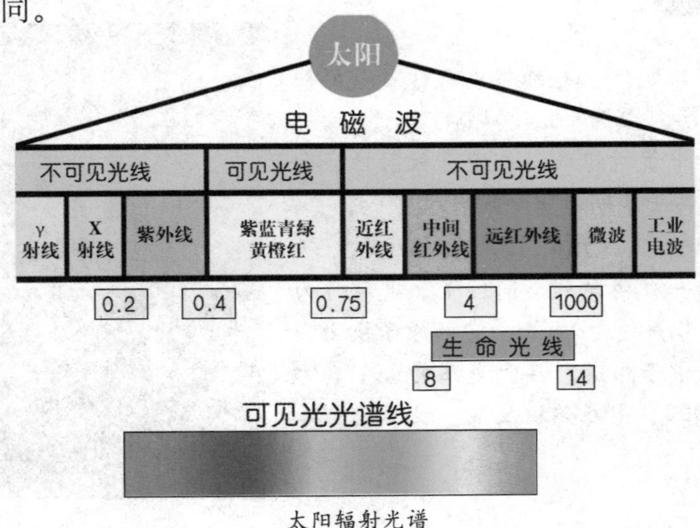

太阳辐射光谱

太阳辐射通过大气，一部分到达地面，称为直接太阳辐射；另一部分为大气的分子、大气中的微尘、水汽等吸收、散射和反射。被散射的太阳辐射一部分返回宇宙空间，另一部分到达地面，到达地面的这部分称为散射太阳辐射。

到达地面的散射太阳辐射和直接太阳辐射之和称为总辐射。太阳总辐射是地球表面某一观测点水平面上接收太阳的直射辐射与太阳散射辐射的总和。晴天为直射辐射为主，散射约占总辐射的15%，阴天或太阳被云遮挡时只有散射辐射。

阴雨天的散射辐射

太阳总辐射量通常按日、月、年为周期计算。地理纬度、日照时数、海拔高度和大气成分等都是影响太阳总辐射的因素。太阳能利用和环境工程设计常采用气象部门的实测数据。水平面上的太阳总辐射一般用总日射计量测，仪器的接受表面有两个同心银环组成，里面的环涂黑色外环涂白色，两个环之间的温差用热电偶测量，全部装置密封在一个充以干燥空气的球形泡内。

在地球大气上界，北半球夏至时，日辐射总量最大，从极地到赤道分布比较均匀；冬至时，北半球日辐射总量最小，极圈内为零，南北差异最大。南半球情况相反。春分和秋分时，日辐射总量的分布与纬度的余弦成正比。南、北回归线之间的地区，一年内日辐射总量有两次最大，年变化小。纬度愈高，日辐射总量变化愈大。

到达地表的全球年辐射总量的分布基本上成带状，只有在低纬度地区受到破坏。在赤道地区，由于多云，年辐射总量并不最高。在南北半球的副热带高压带，特别是在大陆荒漠地区，年辐射总量较大，最大值在非洲东北部。

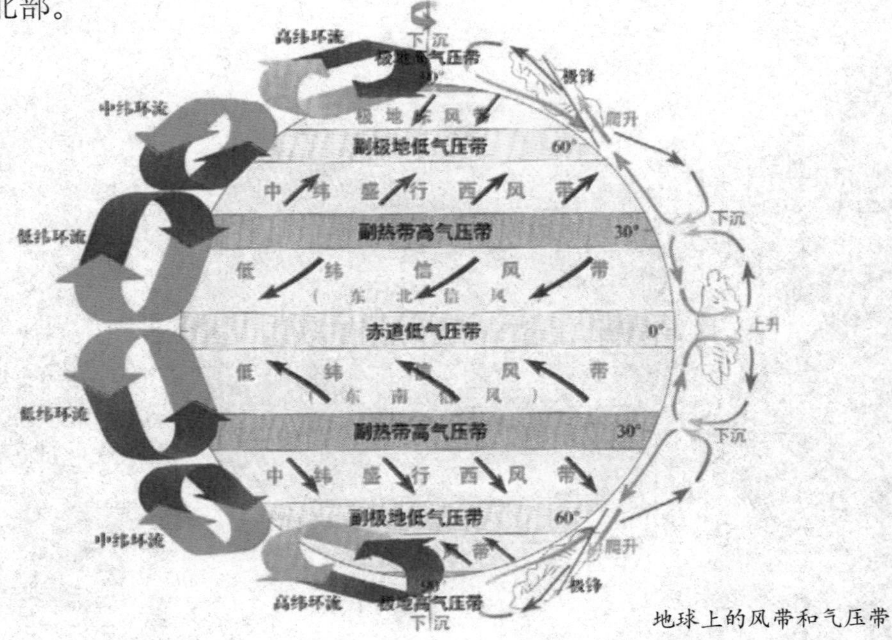

地球上的风带和气压带

到达地球大气上界的太阳辐射能量称为天文太阳辐射量。在地球位于日地平均距离处时，地球大气上界垂直太阳光线的单位面积在单位时间内所受到的太阳辐射的全谱总能量，称为太阳常数。太阳常数的常用单位为瓦/米^2。因观测方法和技术不同，得到的太阳常数值不同。世界气象组织（WMO）1981年公布的太阳常数值是1368瓦/米^2。

由于太阳辐射波长较地面和大气辐射波长小得多，所以通常又称太阳辐射为短波辐射，称地面和大气辐射为长波辐射。太阳活动和日地距离的变化等会引起地球大气上界太阳辐射能量的变化。

知识卡片

紫外线

紫外线是电磁波谱中波长从10～400纳米辐射的总称，不能引起人们的视觉。1801年德国物理学家里特发现在日光光谱的紫端外侧一段能够使含有溴化银的照相底片感光，因而发现了紫外线的存在。

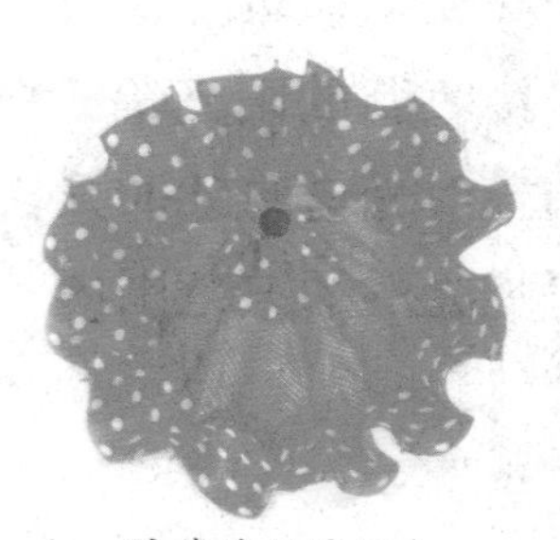

防紫外线遮阳伞

红外线

在光谱中波长自0.76～400微米的一段称为红外线，红外线是不可见光线。所有高于绝对零度（−273.15℃）的物质都可以产生红外线。现代物理学称为热射线。医用红外线可分为近红外线与远红外线两类。

红外线监控器

γ射线

γ射线，又称γ粒子流，是原子核能级跃迁蜕变时释放出的射线，是波长小于0.2埃的电磁波。γ射线有很强的穿透力，工业中可用来探伤或流水线的自动控制。γ射线对细胞有杀伤力，医疗上用来治疗肿瘤。2011年英国斯特拉斯克莱德大学研究发明地球上最明亮的伽马射线——比太阳亮1万亿倍。这将开启医学研究的新纪元。

γ射线灭菌器皿

第2章
见证古老的绿色能源——太阳能揭秘

四、来自太阳的光能

阳光是太阳光能的载体。太阳光，广义的定义是来自太阳所有频谱的电磁辐射。在地球，阳光显而易见是当太阳在地平线之上，经过地球大气层过滤照射到地球表面的太阳辐射，则称为日光。

当太阳辐射没有被云遮蔽，直接照射时通常被称为阳光，是明亮的光线和辐射热的组合。世界气象组织定义“日照时间”是指一个地区直接接收到的阳光辐照度在每平方米120瓦特以上的时间累积。太阳的太阳辐射光谱与5800开氏度的黑体非常接近。其中约有一半的电磁频谱在可见光的短波范围内，另一半在近红外线的部分，也有一些在光谱的紫外线。

我们平时所看到的阳光

光谱图

阳光照射的时间可以使用阳光录影机、全天空辐射计或日射强度计来记录。阳光需要8.3分钟才能从太阳抵达地球。

直接照射的阳光亮度效能约有每瓦特93流明的辐射通量，其中包括红外线、可见光和紫外线。明亮的阳光对地球表面上每平方米提供的照度大约是100000勒克司或流明。

自然界中物质的不同灰度等级，是从白色到黑色之间的过度变化也是物质分子间的不同化学组合。在自然光的光谱中包含了很多不同频率的射线成分（紫外到红外），白色物体对光线吸收的很少，而黑色物质会将大部分光线吸收，尤其是光谱中紫外线的吸收概率非常高。物质的颜色越深，光能的热转换效率就越高，自然光强度越大，物质的光能转换值也就越大。这里有一个最关键性的问题，那就是太阳的光辐射能。

太阳光能的利用主要通过两种转化，一是将光能转为热能，一是通过光合作用将光能转成化学能。

在物理学中，我们了解到了自然光是由不同频率电磁波组成的综合光谱，平时我们看到的只是单一的白色光。而且，光也是电磁波的一种，当物质中的电子在电磁场力的作用下就会形成力学结构变化。因黑色物质的电子非常活跃，在低能级磁场力（一般光强度）的作用下就可产生跃迁运动，这个运动过程也是原子核外层电子的能量转换过程，当核外电子受能激发跃迁时会释放出大量的热能，这就是我们平时所说的太阳能集热原理。

阳光是光合作用的关键因素，对于地球上的生命至关重要。光合作用的实质是把氧气和水转变为有机物（物质变化）和把光能转变成ATP中活跃的化学能再转变成有机物中的稳定的化学能（能量变化）。

知识卡片

瓦特

詹姆斯·瓦特（1736—1819）是英国著名的发明家，是工业革命时的重要人物。1776年制造出第一台有实用价值的蒸汽机。以后又经过一系列重大改进，使之成为“万能的原动机”，在工业上得到广泛应用。他开辟了人类利用能源新时代，标志着工业革命的开始。后人为了纪念这位伟大的发明家，把功率的单位定为“瓦特”。

流明

所谓的流明简单来说，就是指蜡烛一烛光在1米以外的所显现出的亮度。一个普通40瓦的白炽灯泡，其发光效率大约是每瓦10流明，因此可以发出400流明的光。40瓦的白炽灯220伏时，光通量为340流明。光通量是描述单位时间内光源辐射产生视觉响应强弱的能力，单位是流明，也叫明亮度。

五、中国的太阳能利用情况

中国是太阳能资源相当丰富的国家，绝大多数地区年平均日辐射量在4度平方米以上，其中西藏西部太阳能资源最丰富，最高达2333度/平方米（日辐射量6.4度/平方米），居世界第二位，仅比撒哈拉大沙漠小。

根据各地接受太阳总辐射量的多少，可将全国划分为五类地区。

一类地区为中国太阳能资源最丰富的地区，年太阳辐射总量6680～8400兆焦/平方米，相当于日辐射量5.1～6.4度/平方米。这些地区包括宁夏北部、甘肃北部、新疆东部、青海西部和西藏西部等地。

撒哈拉沙漠

二类地区为中国太阳能资源较丰富地区，年太阳辐射总量为5850–6680兆焦/平方米，就相当是日辐射量4.5～5.1度/平方米。这些地区包括河北西北部、山西北部、内蒙古南部、宁夏南部、甘肃中部、青海东部、西藏东南部和新疆南部等地。

三类地区为中国太阳能资源中等类型地区，年太阳辐射总量为5000–5850 兆焦/平方米，相当于日辐射量3.8～4.5度/平方米。主要包括山东、河南、河北东南部、山西南部、新疆北部、吉林、辽宁、云南、陕西北部、甘肃东南部、广东南部、福建南部、苏北、皖北、台湾西南部等地。

四类地区是中国太阳能资源较差地区，年太阳辐射总量4200～5000兆焦/平方米，相当于日辐射量3.2～3.8度/平方米。这些地区包括湖南、湖北、广西、江西、浙江、福建北部、广东北部、陕西南部、江苏北部、安徽南部以及黑龙江、台湾东北部等地。

五类地区主要包括四川、贵州两省，是中国太阳能资源最少的地区，年太阳辐射总量3350～4200兆焦/平方米，就相当是日辐射量只有2.5～3.2度/平方米。

新疆北部

中国蕴藏着丰富的太阳能资源，太阳能利用前景广阔。目前，中国太阳能产业规模已位居世界第一，是全球太阳能热水器生产量和使用量最大的国家和重要的太阳能光伏电池生产国。中国比较成熟太阳能产品有两项：太阳能光伏发电系统和太阳能热水系统。

目前，我国已成为世界最大的太阳能集热器制造中心，集热器推广面积累计达到9000多万平方米，占世界总量的60%，覆盖4000万家庭约1.5亿人口。我国太阳能利用技术主要有太阳能热电、太阳能热水、太阳能光伏电池（太阳能电池）三大技术。太阳能光伏技术开始于20世纪70年代，主要用在空间技术，而后逐渐扩大到地面并形成了中国的光伏产业。截至目前，我国累计总投资40多亿元人民币，用在可再生能源计划和国家送电到乡工程，为内蒙古、甘肃、新疆、西藏、青海和四川等省、自治区共16万无电户解决了用电问题。目前，我国已安装光伏电站约5万千瓦，主要为边远地区居民供电。在推进太阳能光伏电站建设的同时，我国的太阳能热水技术也有了很大进展，城市居民购买太阳能热水器的数量逐年增加，西部部分省市政府制作了太阳能灶，并全部免费发放给干旱山区的农牧民，使农牧民用上了太阳能灶。

2007年8月，国家发改委发布了《可再生资源中长期发展规划》，规划提出，到2010年中国可再生能源年利用量将达到2.7亿吨标准煤。其中，太阳能发电达到30万千瓦；太阳能热水器总集热面积达到1.5亿平方米。从2010年到2020年，中国可再生能源将有更大地发展。其中，太阳能发电达到180万千瓦。太阳能热水器总集热面积达到3亿平方米。

此外，我国积极推动太阳能的政策和计划还有：2005年9月，上海市政府公布“上海开发利用太阳能行动计划”。2006年6月，中国成立风能太阳能资源评估中心。2009年3月23日，财政部印发《太阳能光电建筑应用财政补助资金管理暂行办法》，拟对太阳能光电建筑等大型太阳能工程进行补贴。2011年《十二五新能源规划纲要》。

家用太阳灶

知识卡片

撒哈拉沙漠

撒哈拉沙漠约形成在250万年前，是世界最大的沙质荒漠。它在非洲北部，气候条件非常恶劣，是地球上最不适合生物生存的地方之一。它的总面积约容得下整个美国本土。“撒哈拉”是阿拉伯语的音译，源自当地游牧民族图阿雷格人的语言，原意即为“沙漠”。

撒哈拉沙漠

第2章 见证古老的绿色能源——太阳能揭秘

六、世界各国的太阳能项目

20世纪50年代，太阳能利用领域出现了两项重大技术突破：一是1954年美国贝尔实验室研制出6%的实用型单晶硅电池，二是1955年以色列提出选择性吸收表面概念和理论并研制成功选择性太阳吸收涂层。这两项技术突破为太阳能利用进入现代发展时期奠定了技术基础。

据《中国工业报》报道，1999年欧盟启动“可再生能源起飞运动”，其中在太阳能领域计划投资100亿欧元。具体内容为在欧盟内部市场安装65万个光电系统，在发展中国家安装35万个光电系统；2005年安装太阳能集热器要达到1500万平方米，重点是生产家用热水、集体太阳能大系统、采暖、城市采暖、空调和工业采暖等五个方面。

太阳能发电厂鸟瞰图

1999年德国新可再生能源法实施之后，大大推动了太阳能产业的发展。2004年德国新装置了10万台新的太阳能设备并首次超过日本，居世界第一位。德国去年太阳能产业的总产值达到20亿欧元，比前年增长60%。

德国的太阳能应用

日本在70年代制定了“阳光计划”，1993年将“月光计划”（节能计划）、“环境计划”、“阳光计划”合并成“新阳光计划”。90年代初以来，日本在太阳能光伏发电方面取得了巨大的成功，通过推行可再生能源配额法和实行强补贴等政策，日本已经成为世界光伏发电的先导。近五年来日本居民光伏屋顶系统年增长率为96.7%，成为目前世界上光伏发电最大的市场。

日本的太阳能发电

1973年美国制定了政府级阳光发电计划，1980年又正式将光伏发电列入公共电力规划，累计投资达8亿多美元。1992年，美国政府颁布了新的光伏发电计划，制定了宏伟的发展目标。1994年度的财政预算中，光伏发电的预算达7800多万美元，比1993年增加了23.4%。1997年美国宣布“百万屋顶光伏计划”，到2010年将安装1000～3000兆瓦太阳电池。

美国的太阳能发电机

从20世纪80年代起，印度政府就为可再生能源开发计划提供资金，最初的工作重点是太阳能和风能的生产与商品化，同时对一些可能的未来能源展开研究。印度是世界上最大的太阳能电池模板制造国之一。在印度，太阳能发电应用在不同领域，总容量达到62兆瓦约105万个光伏太阳能系统和电站；此外，还出口了总容量为48兆瓦的光伏太阳能产品。在非常规能源的光伏太阳能项目中，印度共安装了价值约82万卢比的系统——总容量约29兆瓦，其中包括509894万个太阳能灯、256673个家庭照明系统、47969万个街道照明系统和5000个水泵系统。全国约有3600个偏远的村庄和部落已经通过光伏太阳能系统和电站获得供电。

印度农村的太阳能应用

俄罗斯学者在太阳池研究方面也取得了令人瞩目的进展。一家公司将其研制的太阳能喷水式推进器和喷冷式推进器与太阳池工程相结合，给太阳池附设冰槽等设施，设计出了适用在农家的新式太阳池。按这种设计，一个6～8口人的农户建一个70平方米的太阳池，便可满足其100平方米住房全年的用电需要。另一家研究机构提出了组合式太阳池电站的设计思想，即利用热泵、热管等技术将太阳能和地热、居室废热等综合利用起来，使太阳池发电的成本大大下降，在北高加索地区能与火电站竞争，并且一年四季都可用，夏天可用在空调，冬天可用在采暖。

90年代以来联合国召开了一系列有各国领导人参加的高峰会议，讨论和制定世界太阳能战略规划、国际太阳能公约，设立国际太阳能基金等，推动全球太阳能和可再生能源的开发利用。开发利用太阳能和可再生能源成为国际社会的一大主题和共同行动，成为各国制定可持续发展战略的重要内容。

知识卡片

欧盟

欧盟（EU）全称为欧洲联盟，总部设在比利时首都布鲁塞尔，是由欧洲共同体发展而来的，主要经历了三个阶段：荷卢比三国经济联盟、欧洲共同体、欧盟。

欧盟是集政治实体和经济实体于一身、在世界上具有重要影响的区域一体化组织。1991年12月，欧洲共同体马斯特里赫特首脑会议通过《欧洲联盟条约》，通称《马斯特里赫特条约》（简称《马约》）。1993年11月1日，《马约》生效，欧盟诞生。

欧盟标志

第3章

天使还是魔鬼
——太阳能的争议

◎ 随处可取的能源
◎ 最清洁的能源
◎ 取之不尽的能源
◎ 昂贵的能源
◎ 不稳定的能源
◎ 间接的伤害
◎ 不断改进的太阳能开发

第3章 天使还是魔鬼——太阳能的争议

一、随处可取的能源

太阳光普照大地，没有地域的限制无论陆地或海洋，无论高山或岛屿，都处处皆有，可直接开发和利用，且无须开采和运输。

太阳能不像我们现在广泛利用的煤炭与石油，它们除了形成时间长开发难度大外，分布还不均匀，只在个别国家或地区才有丰富的含量。与其它新能源对比，太阳能也不像风能和潮汐能一样，只能在风能密度大、水能丰富的地区才能得到利用。一般认为，处于南北纬50～60度以内的地区，都有丰富的太阳能可以利用。那就是说，几乎在地球的每个角落，我们都可以找到太阳能的足迹，只要有阳光，我们就有可以利用的太阳能。

阳光普照大地

太阳的能量是免费的，地球每天都在吸收巨大的太阳辐射。在古代，我们的祖先就已经懂得怎么利用太阳能了，如利用太阳能晾晒衣服、加热冷水、制盐，等等。这些活动部分地区、不分种族，千百年来人们的生活就如此进行着。

人们用阳光晾晒衣服

有人说，阳光是最无私的，因为每个人都可以轻而易举地拥有它。同样的道理，太阳能也如此。只要用收集和转换的工具，我们就可以随意取得太阳能，不分地区与民族。

北极的阳光

知识卡片

密度

在物理学中，把某种物质单位体积的质量叫做这种物质的密度。符号ρ（读作rōu）。国际主单位为单位千克/米^3，常用单位还有克/厘米^3。数学表达式为$\rho=m/V$。

在国际单位制中，质量的主单位是千克，体积的主单位是立方米，于是取1立方米物质的质量作为物质的密度。对于非均匀物质则称为“平均密度”。

纬度

纬度是指某点与地球球心的连线和地球赤道面所成的线面角，其数值在0～90度之间。位于赤道以北的点的纬度叫北纬，记为N，位于赤道以南的点的纬度称南纬，记为S。

地球仪

二、最清洁的能源

能源就是向自然界提供能量转化的物质（矿物质能源，核物理能源，大气环流能源，地理性能源）。能源是人类活动的物质基础。在某种意义上讲，人类社会的发展离不开优质能源的出现和先进能源技术的使用。在当今世界，能源的发展，能源和环境，是全世界、全人类共同关心的问题，也是我国社会经济发展的重要问题。

矿物燃料污染

现今使用最多的矿物能源，其滋生的问题不外是废物的处理，物体不灭，能源耗竭越多，产生污染也相对增加。煤炭、石油等矿物燃料产生的有害气体和废渣，而使用清洁能源不会带来污染，不会排放出任何对环境不良影响的物质，是现代人类的最佳选择。

清洁能源是不排放污染物的能源。清洁能源和含义包含两方面的内容，一是可再生能源：消耗后可得到恢复补充，不产生或极少产生污染物。如太阳能、风能，生物能、水能，地热能，氢能等；二是非再生能源：在生产及消费过程中尽可能减少对生态环境的污染，包括使用低污染的化石能源（如天然气等）和利用清洁能源技术处理过的化石能源，如洁净煤、洁净油等。

风力发电

核能虽然属于清洁能源，但消耗铀燃料，不是可再生能源，投资较高，而且几乎所有的国家，包括技术和管理最先进的国家，都不能保证核电站的绝对安全，前苏联的切尔诺贝利事故、美国的三里岛事故和日本的福岛核事故影响都非常大，核电站尤其是战争或恐怖主义袭击的主要目标，遭到袭击后可能会产生严重的后果，所以目前发达国家都在缓建核电站，德国准备逐渐关闭目前所有的核电站，以可再生能源代替，但可再生能源的成本比其他能源要高。

水能发电

可再生能源是最理想的能源，不存在能源耗竭的可能，因此日益受到许多国家的重视，尤其是能源短缺的国家。太阳能则是其中被最看好的可再生资源之一，具有无危险性及污染性。开发利用太阳能不会污染环境与危害人类，它是最清洁和安全能源之一，在环境污染越来越重、可利用资源越来越贫乏的今天，这一点是极其宝贵的。在人类与自然和平共处的原则下，使用太阳能最不伤和气，且若设备使用得当，装置成后所需费用极少，而每年至少可生十的十七次方千瓦的电力。

知识卡片

核能

核能又称原子能，是通过转化其质量从原子核释放的能量。

核能通过三种核反应之一释放：核裂变，打开原子核的结合力。核聚变，原子的粒子熔合在一起。核衰变，自然的慢得多的裂变形式。利用核能可以开发出威力巨大的核武器或者建造核反应炉用来发电或是驱动交通工具。

大亚湾核电站

知识卡片

切尔诺贝利事故

切尔诺贝利核电站是苏联时期在乌克兰境内修建的第一座核电站。曾被认为是世界上最安全、最可靠的核电站。但1986年4月26日，核电站的第4号核反应堆在进行半烘烤实验中突然发生失火，引起爆炸，据估算，核泄漏事故后产生的放射污染相当于日本广岛原子弹爆炸产生的放射污染的100倍。

爆炸使机组被完全损坏，8吨多强辐射物质泄露，尘埃随风飘散，致使俄罗斯、白俄罗斯和乌克兰许多地区遭到核辐射的污染。2011年4月26日，切尔诺贝利事故迎来25周年纪念。

第3章
天使还是魔鬼
——太阳能的争议

三、取之不尽的能源

太阳的能量极其庞大，根据目前太阳产生的核能速率估算，氢的贮量足够维持上百亿年，而地球的寿命也约为几十亿年，从这个意义上讲，可以说太阳的能量是用之不竭的。

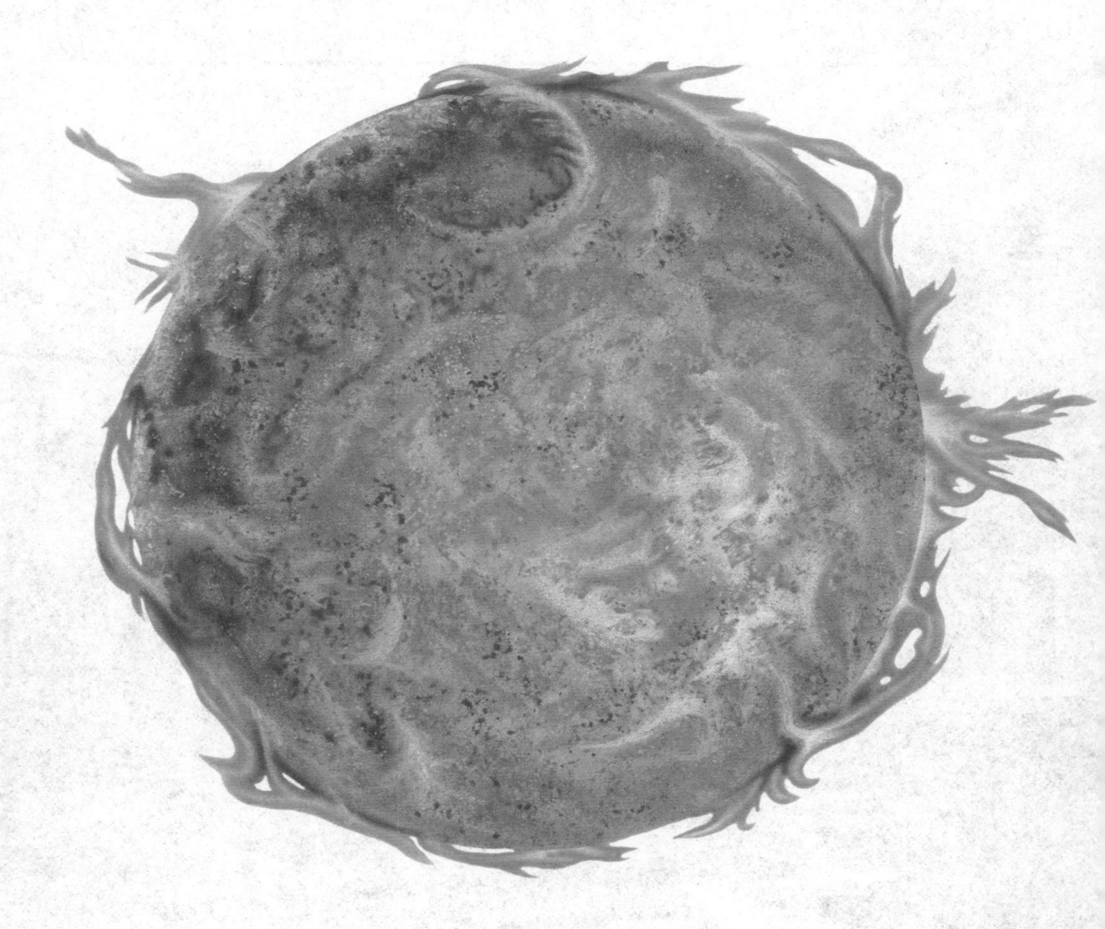

能量巨大的太阳

据估计，在过去漫长的11亿年当中，太阳只消耗了它本身能量的2%，今后数十亿年太阳也不会发生明显的变化，所以太阳可以作为人类永久性的能源，取之不尽，用之不竭。每年到达地球表面上的太阳辐射能约相当是130万亿吨煤，总量属现今世界上可以开发的最大能源。

整个太阳每秒钟释放出来的能量约为37.3×106兆焦，相当于每秒钟燃烧1.28亿吨标准煤所放出的能量。太阳辐射到达地球陆地表面的能量大约为17万亿千瓦，仅占到达地球大气外层表面总辐照量的10%。

燃煤发电厂排出的废气

即使这样，它也相当于目前全世界一年能源总消耗量的3.5万倍。有科学家估算，如果将太阳给地面照射15分钟的能量全部利用起来，就足够全世界使用1年。

简易的太阳能发电站

知识卡片

太阳的寿命

地壳中最古老岩石的年龄经放射衰变方法鉴定为略小于40亿岁。用同样的方法鉴定月球最古老岩石样品年龄大致从41亿岁直到最古老月岩样品的45亿岁有些陨星样品也超过了40亿岁。综合所有证据得出太阳系大约是46亿岁。由于银河系已经是150亿岁左右，所以太阳及其行星年龄只及银河系的三分之一。

虽然没有测定太阳年龄的直接方法，但它作为赫罗图主序上一颗橙黄色恒星的总体外貌，却正好是对一颗具有太阳质量，年龄约为46亿岁，度过了它一半主序生涯的恒星所该期望的。

第3章 天使还是魔鬼——太阳能的争议

四、昂贵的能源

现今，太阳能发电面临的主要问题是效率低和成本高。目前太阳能利用的发展水平，有些方面在理论上是可行的，技术上也是成熟的。但有的太阳能利用装置，因为效率偏低，成本较高，总的来说，经济性还不能与常规能源相竞争。在今后相当一段时期内，太阳能利用的进一步发展，主要受到经济性的制约。

太阳能路灯以太阳光为能源的路灯，因其具有不受供电影响，不用开沟埋线，不消耗常规电能，只要阳光充足就可以就地安装等特点，因此受到人们的广泛关注，又因其不污染环境，而被称为绿色环保产品。太阳能路灯既可用在城镇公园、道路、草坪的照明，又可用在人口分布密度较小，交通不便经济不发达、缺乏常规燃料，难以用常规能源发电，但太阳能资源丰富的地区，以解决这些地区人们的家用照明问题。

但是这些“绿色”路灯的价格是昂贵的。以一盏双路的太阳能路灯为例，两路负载共为60瓦，(以长江中下游地区有效光照4.5小时/天、每夜放电7小时、增加电池板20%预留额计算)其电池板就需要160瓦左右，按每瓦30元计算，电池板的费用就要4800元，再加上180AH左右的蓄电池组费用也在1800左右，整个路灯一次性投入成本大大高于市电路灯，造成了太阳能路灯应用领域的主要瓶颈。

太阳能路灯

在高科技应用方面，美国加州大学伯克利分校能源和资源教授丹尼尔·卡门认为，太空太阳能发电面临最严峻的挑战是实施的成本问题，尤其在当前全球经济衰退之际。这个计划需要几十亿美元的资金投入，远远高于目前同等规模其他可再生能源项目所需的1亿美元至2亿美元。

空间太阳能设备

沙漠中的太阳能设备

虽然太阳能任何人都可以利用，但昂贵的造价还是令它难以轻易走入寻常百姓家。有调查指出，在中国买一套家用太阳能发电系统需花20多万元，再加上维修、维护和蓄电池更换等费用，收回成本大约要50~100年。这套设备常年在太阳下暴晒、风吹雨淋，使用寿命是不可能达到50年的。

同时，我国各地大规模建造太阳能光伏发电项目，其后续管理维护也令人担忧。太阳能发电项目的技术含量很高，一旦损坏，需专业技术人员维修。目前，我国这方面的人才储备严重不足。

此外，在沙尘暴多发地区，太阳能电池板的清洁也是个难题。有研究员认为，太阳能发电的技术问题不解决，经济上就没有可行性。

第3章 天使还是魔鬼——太阳能的争议

五、不稳定的能源

到达地球表面的太阳辐射的总量尽管很大，但是能流密度很低。平均说来，北回归线附近，夏季在天气较为晴朗的情况下，正午时太阳辐射的辐照度最大，在垂直于太阳光方向1平方米面积上接收到的太阳能平均有1000瓦左右；若按全年日夜平均，则只有200瓦左右。

阳光灿烂的夏天

而在冬季大致只有一半，阴天一般只有1/5左右，这样的能流密度是很低的。因此，在利用太阳能时，想要得到一定的转换功率，往往需要面积相当大的一套收集和转换设备，造价较高。

阴暗的雨天

由于受到昼夜、季节、地理纬度和海拔高度等自然条件的限制以及晴、阴、云、雨等随机因素的影响，所以，到达某一地面的太阳辐照度既是间断的，又是极不稳定的，这给太阳能的大规模应用增加了难度。为了使太阳能成为连续、稳定的能源，从而最终成为能够与常规能源相竞争的替代能源，就必须很好地解决蓄能问题，即把晴朗白天的太阳辐射能尽量贮存起来，以供夜间或阴雨天使用，但目前蓄能也是太阳能利用中较为薄弱的环节之一。

雾霭缭绕的冬天

太阳能是空间时间分布不均匀和低密度能源，太阳能的总量虽很大，但十分分散。地面上太阳能还受季节、昼夜、气候等影响，时强时弱，具有不稳定性，能流密度较低，往往需要相当大的采光集热面积才能生产出满足使用要求的能量，给太阳能的利用带来不少困难。

根据太阳能的特点，必须解决太阳能采集、太阳能转换、太阳能贮存、太阳能输运四个基本技术问题，才能有效地加以利用。

知识卡片

海拔

地理学意义上的海拔是指地面某个地点或者地理事物高出或者低于海平面的垂直距离，是海拔高度的简称。它与相对高度相对，计算海拔的参考基点是确认一个共同认可的海平面进行测算。这个海平面相当于标尺中的0刻度。因此，海拔高度又称之为绝对高度或者绝对高程。而相对高度是两点之间相比较产生的海拔高度之差。

北回归线

北回归线是太阳在北半球能够直射到的离赤道最远的位置，是一条纬线，大约在北纬23.5度。

北回归线是太阳光直射在地球上最北的界线。每年夏至日（6月22日左右）这一天这里能受到太阳光的垂直照射。然后太阳直射点向南移动。北半球北回归线以南至南回归线的区域每年太阳直射两次，获得的热量最多，形成为热带。因此北回归线是热带和北温带的分界线。

北回归线标志公园

每年夏至日，太阳直射点在北半球的纬度达到最大，此时正是北半球的盛夏，此后太阳直射点逐渐南移，并始终在北纬23度26分附近和南纬23度26分附近的两个纬度圈之间周而复始地循环移动。因此，把这两个纬度圈分别称为北回归线与南回归线。

南、北回归线也是南温带、北温带与热带的分界线；南极圈、北极圈则是90度减去回归线的度数，是南温带、北温带与南寒带、北寒带的分界线。

第3章 天使还是魔鬼——太阳能的争议

六、间接的伤害

众所周知，太阳能辐射是清洁无污染的，太阳能的转化过程也是绿色安全的。虽然太阳能的利用过程没有造成直接的污染与伤害，但是不要忽视一点，在利用太阳能的过程中我们使用的设备并不是绿叶，其生产和使用过程中对环境的污染不容忽视。

首先，设备生产过程污染。提到太阳能设备不可不提其重要生产原料多晶硅，多晶硅的生产是一个提纯过程，金属硅先转化成三氯氢硅，再用氢气进行一次性还原，这个过程中约有25%的三氯氢硅转化为多晶硅，其余大量进入尾气，同时形成副产品四氯化硅和TCS、DCS。这些

多晶硅生产工厂

副产物当中，四氯化硅为无色或淡黄色发烟液体，易潮解，属于酸性腐蚀品，对眼睛和上呼吸道会产生强烈刺激，皮肤接触后可引起组织坏死，属于危险物质；另一种副产物为含DCS的TCS，其中DCS理化特性与四氯化硅接近，如果生产过程中的回收工艺不成熟，这些含氯有害物质极有可能外溢，存在重大的安全和污染隐患。

近年来，我国不少地方兴建了太阳能电池材料——多晶硅的生产线。2009年，国务院连续三次会议叫停多晶硅扩产。可是近来，多个省市又开始大规模上马太阳能光伏发电项目，这将带动国内新一轮的多晶硅扩张生产，并让一些国际企业从中赚取暴利。

据了解，我国大多数企业生产的是低纯度多晶硅，以非常低的价格出口国外，再高价从国外进口高纯度的多晶硅，把它们加工成太阳能电池板后再出口，从中获取微利。目前国内的多晶硅产业能耗高、污染大，据统计，每生产1吨多晶硅，就要产生15～20吨的剧毒四氯化硅。甚至有一些小厂家发生过乱排放事件，对环境破坏极大。

多晶硅生产废料污染河流

受铅污染的河流

太阳光电板的生产技术还在不断进步当中，就多晶硅光电板而言，其回收所需能源应花费约3.5年，就单晶硅光电板而言，其回收所需能源应花费约0.5～1年，而太阳光电板的设计寿命在20～30年。

在太阳光电板的制造过程，平均每1千瓦会需要12克的有毒重金属硅，这种有毒重金属不会伴随着产品，而是残留在工厂。所以制成的太阳光电板本身是无毒而可以作为回收使用的。太阳光电板中含碲化镉者，则该芯片本身含有毒的重金属。

其次，光伏发电系统废弃物污染。光伏电源系统具有一定寿命，其废弃物对环境具有很强的破坏性。光伏发电系统使用的蓄电池大部分都是铅酸蓄电池，该电池内含有大量的铅、锑、镉、硫酸等有毒物质会对土壤、地下水、草原等造成污染。

依赖铅蓄电池进行的太阳能发电极有可能释放上百万吨铅污染。研究发现，这样的太阳能发电将对公众健康产生影响，并造成环境污染。

铅中毒能够导致儿童的学习障碍、多动症以及暴力行为。研究表明儿童铅中毒的经典症状是食欲不振、腹痛、呕吐、消瘦、贫血、肾功能衰竭以及烦躁不安。

再次，光污染。在太阳能被大范围利用后，城市中的光伏电池表面玻璃和太阳能热水器集热器在阳光下反射强光，形成光污染。专家研究发现，长时间在白色光亮污染环境下工作和生活的人，视网膜和虹膜都会受到程度不同的损害，视力急剧下降，白内障的发病率高达45%。还使人头昏心烦，甚至发生失眠、食欲下降、情绪低落、身体乏力等类似神经衰弱的症状。

光污染

我们在对绿色太阳能利用充满期待的时候更应该清醒地看到其带来的风险。在我国先污染后治理的粗放发展方式已经为经济社会带来沉重的包袱。在利用太阳能，看到商机的同时，更应该早规划、早动手，加强科技创新，将污染治理在发展之初，只有这样太阳能才能成为真正的绿色能源，造福于人类。

知识卡片

光污染

广义的光污染包括一些可能对人的视觉环境和身体健康产生不良影响的事物，包括生活中常见的书本纸张、墙面涂料的反光甚至是路边彩色广告的“光芒”亦可算在此列，光污染所包含的范围之广由此可见一斑。在日常生活中，人们常见的光污染的状况多为由镜面建筑反光所导致的行人和司机的眩晕感，以及夜晚不合理灯光给人体造成的不适。

氯化硅

无色透明重液体。有窒息性气味。密度1.50。熔点-70℃。沸点57.6℃。在潮湿空气中水解而成硅酸和氯化氢，同时发生白烟。遇水时水解作用很激烈。也能和醇类起激烈反应。溶于四氯化碳、四氯化钛、四氯化锡。对皮肤有腐蚀性。用于制硅酸酯类、有机硅单体、有机硅油、高温绝缘漆、硅树脂、硅橡胶等，也用作烟幕剂。工业上由硅铁在200℃以上与氯气作用，经蒸馏而得。

DCS

DCS是二氯硅烷的缩写，它在常温常压下为具有刺激性窒息气味和腐蚀性的无色有毒气体。空气中易燃，100℃以上能自燃，燃烧氧化后生成氯化氢和氧化硅。加热至100℃以上时会自行分解而生成盐酸、氯、氢和不定性硅。施以强烈撞击时也会自行分解。在湿空气中产生腐蚀性烟雾。遇水水解生成盐酸和聚硅氧烷(SiH2O)4。可溶于苯、醚和四氯化碳。与碱、乙醇、丙酮起反应。即使接触小量卤素或其它氧化剂也会发生激烈反应。与三烷基胺、吡啶形成加成化合物。与三氟化锑反应生成氟硅烷。

二氯硅烷的毒作用主要是由它在湿空气中的水解产物氯化氢引起的。因此，人吸入后激烈刺激呼吸道，引起呛咳、呼吸道发炎、喉痉挛和肺水肿。触到眼睛可引起流泪并导致眼灼伤。接触皮肤可引起化学烧伤。液态二氯硅烷也可引起冷烧伤。

TCS

TCS 是 SiHCl3 （三氯氢硅）的缩写。三氯氢硅是光伏产业链前段的一种关键化学原料，使用化学沉积方法制备高纯的多晶硅材料，得到晶体面无序排列的多晶硅。

第3章
天使还是魔鬼
——太阳能的争议

七、不断改进的太阳能开发

太阳能产业代替传统能源的构想仅仅停留在理论阶段，在推广“低碳”的实际过程中，情况要比想象中复杂得多。其中最重要的部分是要转变现有的生产方式，而一旦触及到经济利益，问题就变得更加棘手。

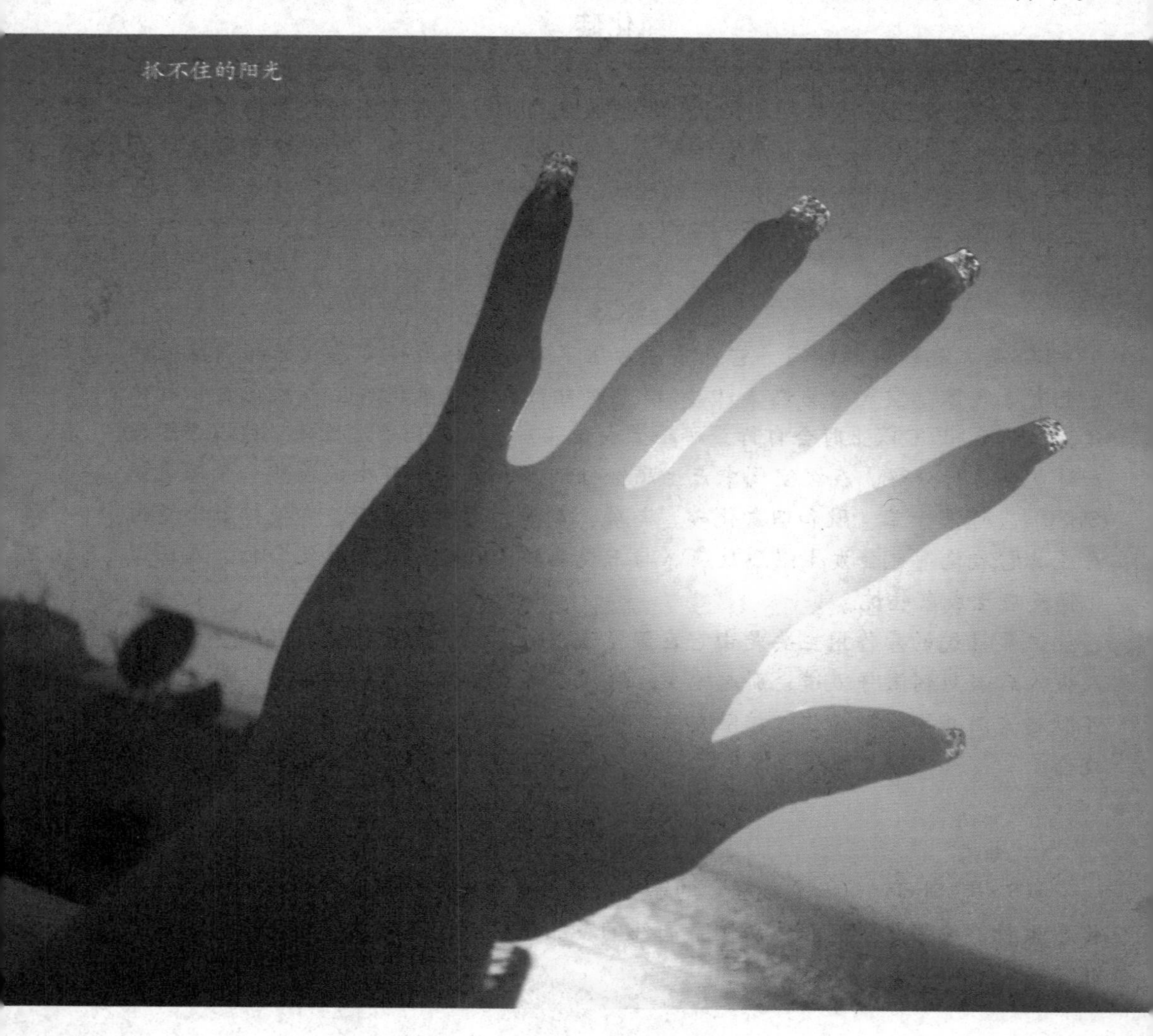

水冷式太阳能电池板

虽然太阳能有那么多好处，但我们还是面临着千百年来不变的难题——如何更好地利用这个能源。我们对太阳能是看得见、但留不住。

尽管人们对太阳能的开发利用方式如此丰富多样，然而直到目前为止，所利用的太阳能与太阳照射到地球上的能量相比，仅是沧海一粟，而且使用效率较低，规模也较小，致使大自然赐予的这种宝贵能源大部分损失掉了。所以，用现代化方法大规模地开发利用太阳能，已成为摆在人们面前的一项重要任务。

虽然困难重重，但在长久以来科研人员的不断研究与改进，此前一些曾被认为遥不可及的设计理念如今也都得到了运用。

研究人员设计出一种特殊的短焦距、由丙烯酸材料合成的太阳能集光透镜。太阳光在这种透镜中进行反射和折射后能够有效的将能量集中到一点。第二个透镜在捕捉到第一个透镜传递过来的能量后再将其集中到一块小型的光伏板上。该公司称这种HE镜片系统生产的电力是同等大小的硅太阳能电池板的800倍。这样的创新，使得太阳能设备摆脱对硅的依赖。

太阳能道路的理念就是研发一种像地板砖一样的太阳能电池板，并且将其铺设在道路上。这些电池板不断能够收集光能并产生电能，而且还可以供夜间路面照明及冬天暖路，同时还能将大量剩余的电力出售给家庭或企业使用。这项技术的发明者斯科特·布鲁撒预计，每英里这样的太阳能电池板可以为500个家庭提供电力，而每块这样12×12英尺的电池板成本只需5000美元。

太阳能道路板

加拿大安大略省麦克马斯达大学的研究人员利用高效的光伏材料和耐用的碳纳米管纤维研制出一种吸光纳米线，并将其植入韧性较好的聚酯薄膜中以生产太阳能电池板。这种太阳能电池板要比现在的光伏板更加具有韧性，且造价更低。此外，来自英国南安普敦大学的物理与天文系的研究团队也从植物的光合作用中受到启发，从而制出一种新的光伏装置，它能够高效地将光能转化为电能。

大型薄膜太阳能电池

薄膜太阳能面板主要是在薄膜技术的基础上，利用非晶硅太阳能电池板建成世界上面积最大、产能最多的太阳能薄膜电池板。这种做法一方面可以成功降低材料的成本，另一方面还可以和太阳能产业最高端的制造技术进行结合。薄膜太阳能面板主要采用无框架设计，从而解决了薄膜太阳能面板防水效果差和使用时间长会导致面板结构整体性受损这两大主要难题。

此前，人们曾一直设想假如安装太阳能电池板能像铺设屋顶瓦那样简单，或者太阳能涂料能像刷油漆一样刷在屋顶上该多好啊。实际上，这个设想目前已经得到实现，这种太阳能涂料被称为硅墨水。美国国家可再生能源实验室表示，目前采用这项技术的太阳能电池已经可以将18%的太阳能转化为电能。

太阳能涂料—硅墨水

知识卡片

纳米技术

纳米技术是用单个原子、分子制造物质的科学技术。纳米科学技术是以许多现代先进科学技术为基础的科学技术，它是现代科学（混沌物理、量子力学、介观物理、分子生物学）和现代技术（计算机技术、微电子和扫描隧道显微镜技术、核分析技术）结合的产物，纳米科学技术又将引发一系列新的科学技术。例如，纳电子学、纳米材科学、纳机械学等。

低碳

低碳来自英文“low carbon”，意指较低（更低）的温室气体（二氧化碳为主）排放。低碳可让大气中的温室气体含量稳定在一个适当的水平，避免剧烈的气候改变，减少恶劣气候令人类造成伤害的机会，因过高的温室气体浓度可以会引致灾难性的全球气候变化，会为人类的将来带来负面影响。

“低碳”的出行方式

第4章

古法新用
——光热转换

◎ 传统太阳能光热转换
◎ 太阳能光热发电
◎ 太阳能热水器
◎ 太阳能暖房/温室
◎ 太阳能空调
◎ 高温太阳炉

第4章 古法新用——光热转换

一、传统太阳能光热转换

光热转换是指通过吸收、反射或其他方法把太阳的辐射能集中起来，变换成足够高温度的过程，以有效地满足不同负载的要求。光热转换是人类对太阳能最古老也是最广泛的应用。

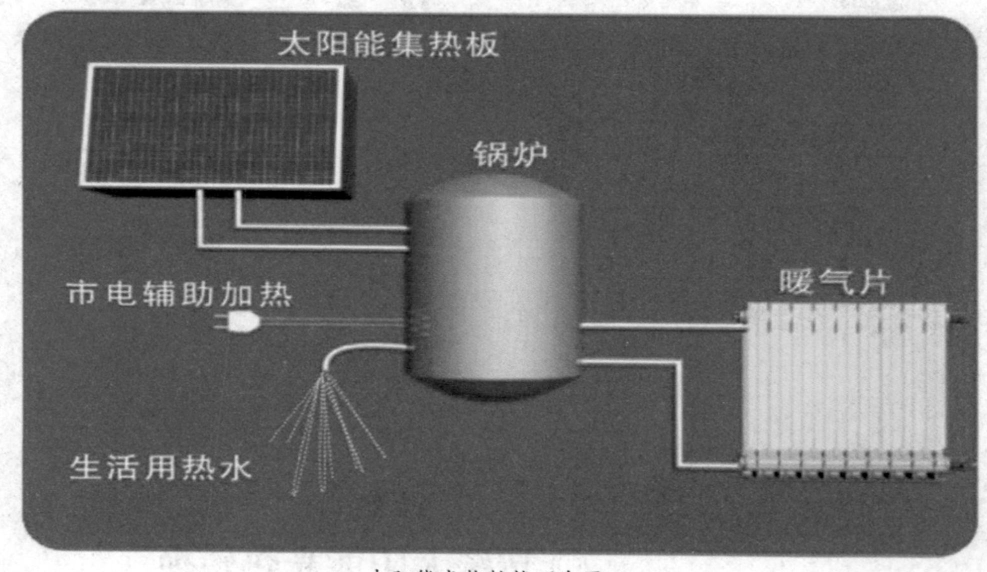

太阳能光热转换理念图

它的基本原理是将太阳辐射能收集起来，通过与物质的相互作用转换成热能加以利用。目前使用最多的太阳能收集装置，主要有平板型集热器、真空管集热器和聚焦集热器3种。通常根据所能达到的温度和用途的不同，而把太阳能光热利用分为低温利用（<200℃）、中温利用（200℃~800℃）和高温利用（>800℃）。目前低温利用主要有太阳能热水器、太阳能干燥器、太阳能蒸馏器、太阳房、太阳能温室、太阳能空调制冷系统等，中温利用主要有太阳灶、太阳能热发电聚光集热装置等，高温利用主要有高温太阳炉等。

太阳能光热技术的利用通常可分直接利用和间接利用两种形式。

太阳能间接利用的主要形式有：太阳能吸收式制冷，太阳能吸附式制冷，太阳能喷射制冷。但目前也还处于研究阶段，有的仅仅制造出了样机，尚未形成定型产品和批量生产。

常见的直接利用方式有：一是利用太阳能空气集热器进行供暖或物料干燥；二是利用太阳能热水器提供生活热水；三是在集热-储热原理的基础上间接加热式被动太阳房；四是利用太阳能加热空气产生的热压增强建筑通风。

目前技术比较成熟且应用比较广泛的是蔬菜温室大棚、中药材和果脯干燥及太阳能热水器等。其他几种技术还处于研究开发阶段，且由于一次性投资较大，要想走向市场和大范围推广尚需时日。

蔬菜温室大棚

第4章
古法新用
——光热转换

二、太阳能光热发电

太阳能光热发电是指利用大规模阵列抛物或碟形镜面收集太阳热能，通过换热装置提供蒸汽，结合传统汽轮发电机的工艺，从而达到发电的目的。采用太阳能光热发电技术，避免了昂贵的硅晶光电转换工艺，可以大大降低太阳能发电的成本。而且，这种形式的太阳能利用还有一个其他形式的太阳能转换所无法比拟的优势，即太阳能所烧热的水可以储存在巨大的容器中，在太阳落山后几个小时仍然能够带动汽轮发电。

太阳能中高温蒸汽系统

太阳能热发电是利用集热器将太阳辐射能转换成热能并通过热力循环过程进行发电，是太阳能热利用的重要方面。20世纪80年代以来美国、欧洲、澳洲等国相继建立起不同形式的示范装置，促进了热发电技术的发展。

太阳能炉灶和太阳能热水器等是太阳能光能利用方面除日常生活应用之外的较简单的形式。太阳能的光能热利用的发电形式主要有太阳能烟筒发电、塔式发电、碟式发电和槽式发电等。

◆ 太阳能烟筒发电

太阳能烟筒是最简单的发电方法。在一块空旷圆形的土地上盖满透明的玻璃，正中建一个烟筒，烟筒内安装涡轮式发电机，在阳光照射下，玻璃下的地面吸收阳光，产生热气，热气从烟筒中上升，形成气流，气流驱动涡轮机而发电。

知识卡片

发展中国家

发展中国家也叫开发中国家、欠发达国家，指经济、社会方面发展程度较低的国家，是与发达国家相对的名称。

通常指包括亚洲、非洲、拉丁美洲及其他地区的130多个国家，占世界陆地面积和总人口的70%以上。发展中国家地域辽阔，人口众多，有广大的市场和丰富的自然资源。还有许多战略要地，无论从经济、贸易上，还是从军事上，都占有举足轻重的战略地位。中国是最大的发展中国家。

聚焦

控制一束光或粒子流使其尽可能会聚于一点的过程。例如凸透镜能使平行光线聚焦于透镜的焦点；在电子显微镜中利用磁场和电场可使电子流聚焦；雷达利用凹面镜使甚高频聚焦。聚焦是成像的必要条件。

◆ 太阳能塔式发电

塔式太阳能热发电是采用大量的定向反射镜(定日镜)将太阳光聚集到一个装在塔顶的中央热交换器(接受器)上，接受器一般可以收集100MW的辐射功率，产生1100℃的高温。太阳光产生的热能使接收器内的水产生高温蒸汽，以蒸汽推动汽轮机来发电。1950年，原苏联设计了世界上第一座塔式太阳能热发电站的小型实验装置，对太阳能热发电技术进行了广泛的、基础性的探索和研究。1981年在日本四国建成的世界上首座电塔开始运行，装有定日镜800多面，发电功率1MW。1980年美国在加州建成太阳I号塔式太阳能热发电站，装机容量10MW。经过一段时间试验运行后，在此基础上又建造了太阳II号塔式太阳能热发电站，并在1996年1月投入试验运行。

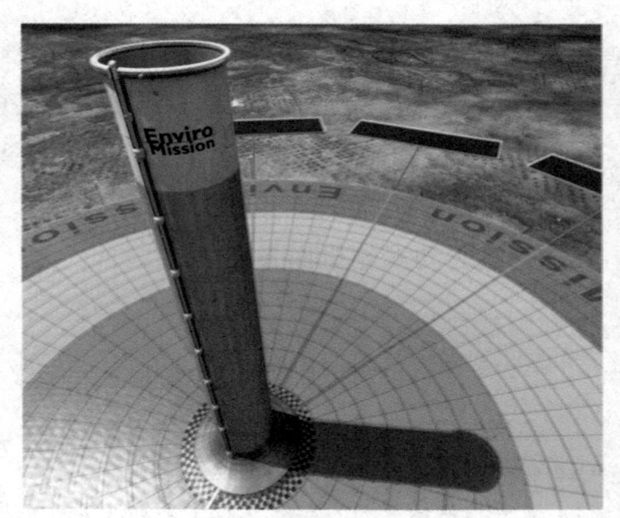

太阳能塔式发电

◆ 太阳能碟式发电

碟式（又称盘式）太阳能热发电系统是世界上最早出现的太阳能动力系统，是目前太阳能发电效率最高的太阳能发电系统，最高可达到29.4%。碟式系统的主要特征是采用碟（盘）状抛物面镜聚光集热器，该集热器是一种点聚焦集热器，可使传热工质加热到750℃左右，驱动发动机进行发电。对分散的太阳光线，可利用一组抛物形碟状反射镜来聚集太阳光，并聚焦到一系列的接收器上，抛物形碟把太阳光聚集于一个焦点，而抛物形槽则沿着一条线聚集太阳光，这些圆形或条形的接受器用管道串通，抽上来的水被强烈的阳光加热至高温，得到热水或蒸汽，既可提供热量，也可发电。坐落在美国加利福尼亚州华纳泉附近的一个碟式太阳能发电系统，功率达4兆瓦。

太阳能碟式发电

◆ 太阳能槽式发电

槽式发电是最早实现商业化的太阳能热发电系统。它采用大面积的槽式抛物面反射镜将太阳光聚焦反射到线形接收器（集热管）上，通过管内热载体将水加热成蒸汽，同时在热转换设备中产生高压、过热蒸汽，然后送入常规的蒸气涡轮发电机内进行发电。槽式抛物面太阳能发电站的功率为10～1000兆瓦，是目前所有太阳能热发电站中功率最大的。1991年加利福尼亚的槽式抛物面太阳能热利用发电站的运营成功，促进了南欧和其他拥有丰富太阳辐射的发展中国家太阳能热利用计划的开展。

太阳能槽式发电

三、太阳能热水器

与传统的电热水器和燃气热水器相比，太阳能热水器以其安装使用方便、灵活、节能效果明显等优点，在人们生活中得到了广泛的应用。目前，在全世界范围内，都可以看到各式各样太阳能热水器。

太阳能热水器的工作原理主要有两种，分别是：集热器吸热原理和循环原理。

集热器吸热原理：太阳能热水器的集热器表面，有一特殊的涂层，此涂层对太阳能可见光范围具有很大的吸收率，吸收为热以后，集热器的散热热辐射波长在长波范围，该涂层对长波的发射率很低，这样就有效的“滞留”了太阳能的热量。

工作原理是：集热器将采集的能量经过光热转换生产出热水后经循环管道送入蓄热水箱，水箱下部的凉水由于温差经循环(强制循环用泵)送入集热器，水箱内热水可供用户使用。控制系统可使工程在最佳状态下工作，并可为用户提供各种自动控制功能。

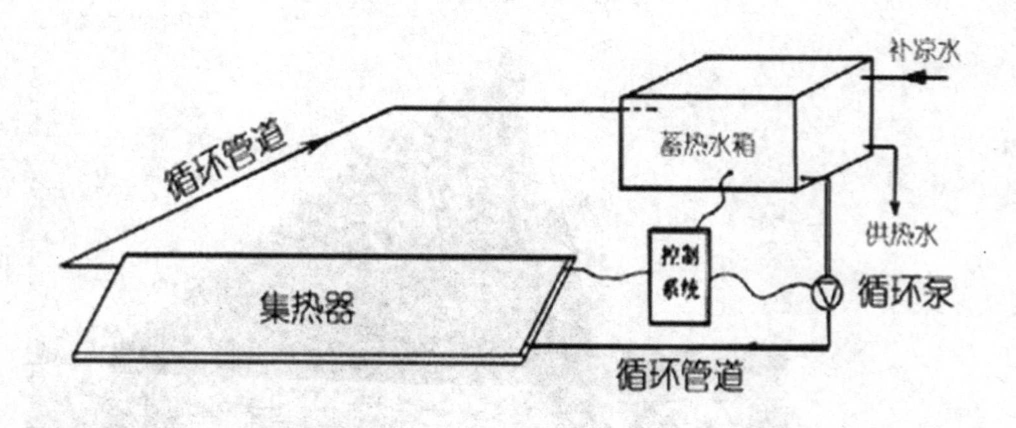

太阳能热水器集热原理

循环原理是：利用冷水比热水密度大，冷水下沉，热水上升，形成自然对流循环、使水箱中的水逐渐变热，达到顾客满意的水温为止。当太阳强度不足以满足循环需要的时候，可以在水循环闭路加一水泵，实现强制循环。

水循环的具体过程是：水在集热器表面受热膨胀，密度变小，而循环回路中的“冷水”密度较大，热水上升至保温水槽，冷水下降进入集热器受热，如此循环。

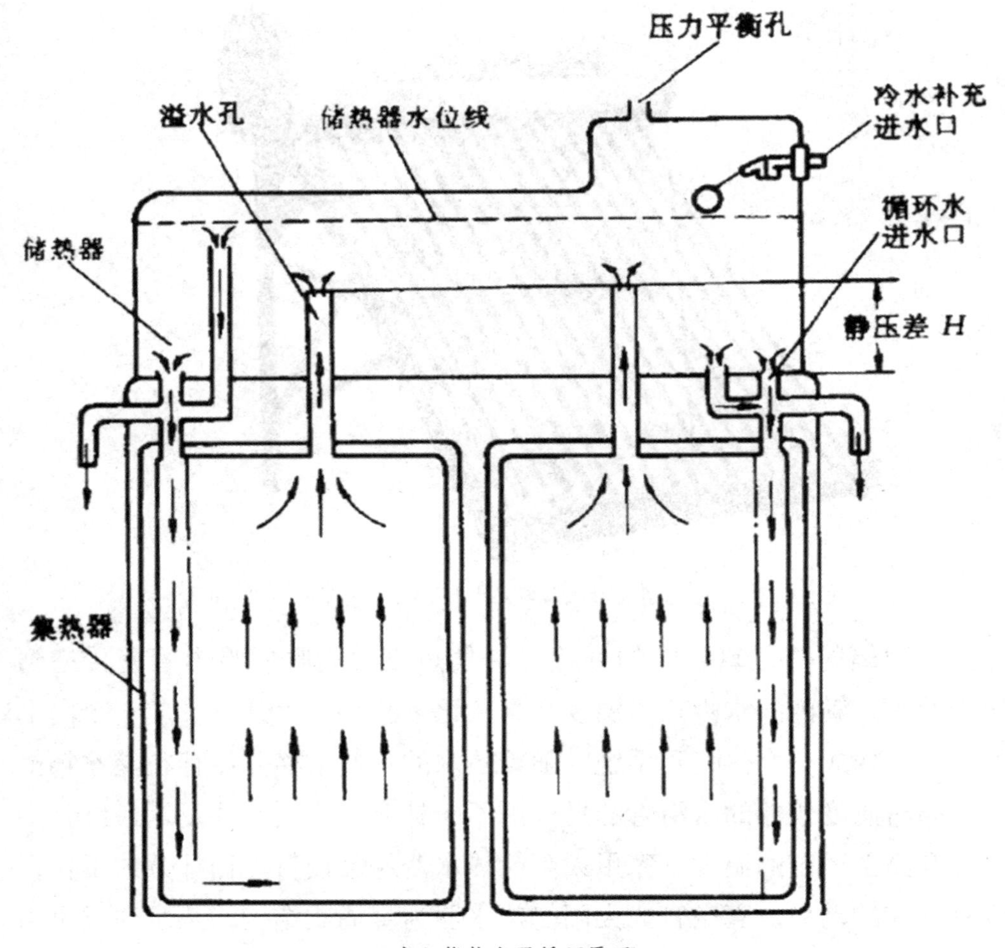

太阳能热水器循环原理

太阳能热水器可分为主动型与被动型，被动型通常包含储水槽与集热器，主动型还包括让水循环的泵以及控制温度的功能。太阳能电热水器的集热器可分为平板型、真空管型、集光型、选择吸收膜或选择反射膜等几种。目前真空管式太阳能热水器为主，占据国内95%的市场份额。真空管式家用太阳能热水器是由集热管、储水箱及相关附件组成，把太阳能转换成热能主要依靠集热管。集热管利用热水上浮冷水下沉的原理，使水产生微循环而达到所需热水。

真空管太阳能热水器

太阳辐射透过真空管的外管，被集热镀膜吸收后沿内管壁传递到管内的水。管内的水吸热后温度升高，比重减小而上升，形成一个向上的动力，构成一个热虹吸系统。随着热水的不断上移并储存在储水箱上部，同时温度较低的水沿管的另一侧不断补充如此循环往复，最终整箱水都升高至一定的温度。家用太阳能热水器通常按自然循环方式工作，没有外在的动力。真空管式太阳能热水器为直插式结构，热水通过重力作用提供动力。

平板式热水器，一般为分体式热水器，介质在集热板内因热虹吸自然循环，将太阳辐射在集热板的热量及时传送到水箱内，水箱内通过热交换（夹套或盘管）将热量传送给冷水。介质也可通过泵循环实现热量传递。平板式太阳能热水器通过自来水的压力（称为顶水）提供动力。而太阳能集中供热系统均采用泵循环。由于太阳能热水器集热面积不大，考虑到热能损失，一般不采用管道循环。

平板式太阳能热水器为顶水方式工作，真空管太阳能热水器也可实行顶水工作的方式，水箱内可以采用夹套或盘管方式。顶水工作的优点是供水压力为自来水压力，比自然重力式压力大，尤其是安装高度不高时，其特点是使用过程中水温先高后低，容易掌握，使用者容易适应，但是要求自来水保持供水能力。顶水工作方式的太阳能热水器比重力式热水器成本大，价格高。

平板式太阳能热水器

太阳能热水器主要由五部分组成，分别是连接管道、支架、保温水箱、集热部件（真空管式为真空集热管，平板式为平板集热器）、控制部件。

连接管道是平板热水器将热水从集热器输送到保温水箱、将冷水从保温水箱输送到集热器的管道，使整套系统形成一个闭合的环路。热水管道必须做保温处理。设计合理、连接正确的循环管道对太阳能系统是否能达到最佳工作状态至关重要。太阳能热水器至用户端也使用连接管道。

支架是支撑集热器与保温水箱的架子。材质一般为不锈钢、铝合金或钢材喷塑具有结构牢固，稳定性高，抗风雪，耐老化，不生锈等特性。

保温水箱是储存热水的容器。通过集热管采集的热水必须通过保温水箱储存，防止热量损失。太阳能热水器的容量是指热水器中可以使用的水容量，不包括真空管中不能使用的容量。对承压式太阳能热水器，

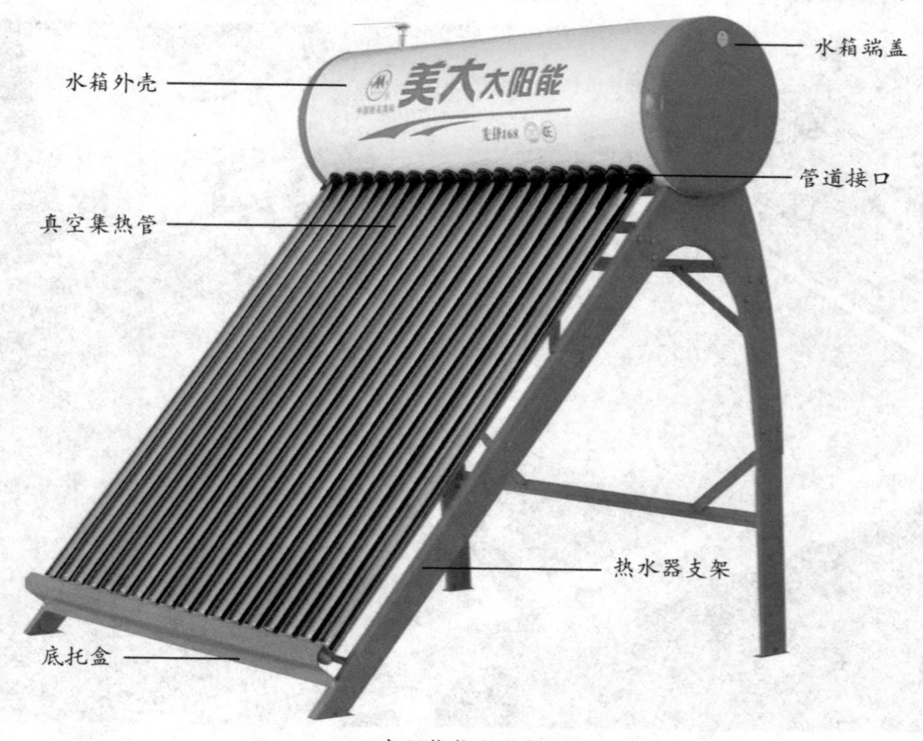

太阳能热水器结构图

其容量指可发生热交换的介质容量。太阳能热水器保温水箱由内胆、保温层、水箱外壳三部分组成。水箱内胆是储存热水的重要部分，其用材料强度和耐腐蚀性至关重要。市场上有不锈钢、搪瓷等材质。保温层保温材料的好坏直接关系着保温效果，在寒冷季节尤其重要。目前较好的保温方式是聚氨脂整体发泡工艺保温。外壳一般为彩钢板、镀铝锌板或不锈钢板，具有保温效果好，耐腐蚀等特点。

集热器系统中的集热元件。其功能相当于电热水器中的电热管。与电热水器、燃气热水器不同的是，太阳能集热器利用的是太阳的辐射热量，因而加热时间只能在太阳照射度达到一定值的时候。我国现今市场上最常见的是全玻璃太阳能真空集热管。全玻璃太阳能集热真空管一般为高硼硅3.3特硬玻璃制造，选择性吸热膜采用真空溅射选择性镀膜工艺。结构分为外管、内管，在内管外壁镀有选择性吸收涂层。平板集热器的集热面板上镀有黑铬等吸热膜，金属管焊接在集热板上。平板集热器较真空管集热器成本稍高，近几年平板集热器呈现上升趋势，尤其在高层住宅的阳台式太阳能热水器方面有独特优势。

控制系统是一般家用太阳能热水器必不可少的一部分，常用的控制器是自动上水、水满断水并显示水温和水位，带电辅助加热的太阳能热水器还有漏电保护、防干烧等功能。目前市场上有各种控制的智能化太阳能热水器，具有水位查询、故障报警、启动上水、关闭上水、启动电加热等功能，使用户随时随地可以了解、控制太阳能热水器的运行状况。

知识卡片

虹吸

虹吸是一种流体力学现象，可以不借助泵而抽吸液体。处于较高位置的液体充满一根倒U形的管状结构（称为虹吸管）之后，开口于更低的位置。

这种结构下，管子两端的液体压强差能够推动液体越过最高点，向另一端排放。主要是由万有引力让虹吸管作用。

第4章 古法新用——光热转换

四、太阳能暖房/温室

太阳能室内保温技术大概有三种用途，一是用在人们日常生活的保暖，即大家常提到的太阳能暖房；二是用在种植业的太阳能温室；还有就是用在养殖业的太阳能温室。

在许多寒冷地区人们会利用太阳能作冬天采暖之用，这已经是习以为常的事了。因寒带地区冬季气温甚低，室内必须有暖气设备，若要节省化石能源的消耗，利用太阳能是最好的办法。太阳能暖房是利用太阳辐射能量来代替部分常规能源，使室内达到一定环境温度的一种建筑物。太阳能暖房有使用热水系统，也有使用热空气系统的。太阳能暖房系统由太阳能收集器、热存储装置、辅助能源系统及室内暖房风扇系统组成。太阳辐射热经过收集器的工作流体储存，然后向房间供热。

屋顶太阳能设备

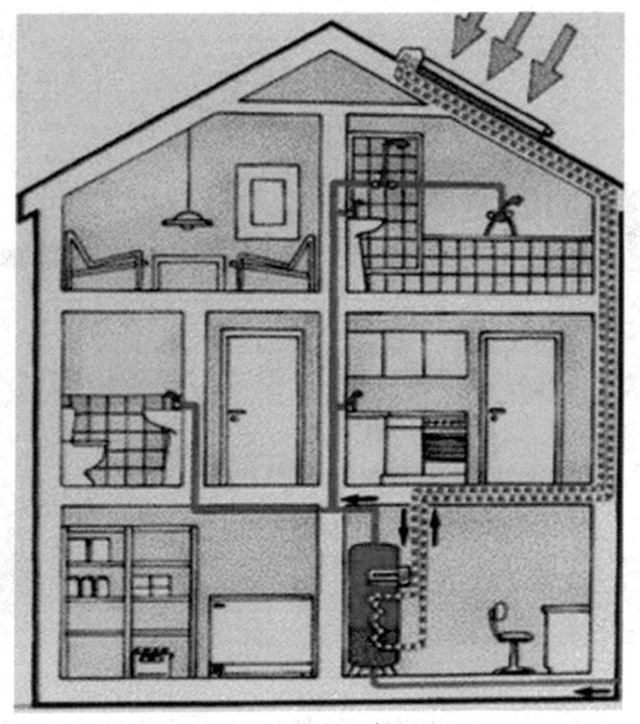

主动式太阳房

使用热水系统太阳能暖房目前分为被动式和主动式两类。被动式太阳房最早是在法国发展起来的。它主要依靠建筑方位、建筑空间的合理布置和建筑结构及建筑材料的热工性能，使房屋尽可能地吸收和储存热量。如果所获得的太阳能，达到了建筑物采暖、空调所需能量的一半以上，就达到了被动式太阳房的要求。被动式太阳房是根据当地的气象条件，在基本上不设置其他设备的情况下，建造成冬季可有效地吸收和储存太阳热能，而夏天又能防止过多的太阳辐射，并将室内热量散发到室外，从而达到冬暖夏凉效果的房屋。

1938年世界上第一幢主动式的太阳房，由美国麻省理工学院于建成。它是一种能够控制的采暖方式，用集热器、贮热装置、管道、风机、水泵等设备，“主动”收集、储存和输配太阳能。由于它具有利用太阳热能，节约能源的优点，它一面世就受到人们的关注。

用于种植的太阳能温室

使用热空气系统的太阳能暖房主要是依靠太阳能墙收集能量。太阳能墙，是一种采用简单结构，利用太阳能取暖的墙体。利用太阳能墙建成的太阳能温室具有良好的节能效应。太阳能墙的朝阳面涂成黑色，以吸收大量太阳能，墙体的上端和下部设有通风孔，墙前有一双层玻璃窗，墙面和玻璃窗之间留有空隙，由黑色墙面吸收太阳能形成暖流，进入玻璃窗和墙面之间的热空气收集器（太阳能储能器）。热空气由墙体上端的通风孔进入房内，冷空气则由下部通风孔补充，这样太阳能墙便把热空气送入暖室。节煤、节电的效益十分可观，是将来人们取暖的理想选择。

作为种植与养殖使用的太阳能温室都是根据温室效应的原理加以建造的。太阳能温室不仅能缩短生长期，对提高繁殖率、降低死亡率都有明显的效果。因此，太阳能温室已成为农、牧、渔业现代化发展的重要技术设备。

按照温室效应的原理，温室内温度升高后所发射的长波辐射能阻挡热量或很少有热量透过玻璃或塑料薄膜散失到外界，温室的热量损失主要是通过对流和导热的热损失。如果人们采取密封、保温等措施，则可减少这部分热损失。

在白天，进入温室的太阳辐射热量往往超过温室通过各种形式向外界散失的热量，这时温室处于升温状态，有时因温度太高，还要人为的放走一部分热量，以适应植物生长的需要。如果室内安装储热装置，这部分多余的热量就可以储存起来了。

在夜间，没有太阳辐射时，温室仍然会向外界散发热量，这时温室处于降温状态，为了减少散热，故夜间要在温室外部加盖保温层。若温室内有储热装置，晚间可以将白天储存的热量释放出来，以确保温室夜间的最低温度。

随着技术的发展，人们开始把太阳能暖房、太阳能温室结合起来，是室内供暖一体化。中国北方，太阳能室内供暖还能与沼气利用装置相结合，用它来提高池温，增加产气率。比如由德州华园新能源公司设计承建的东北地区三位一体太阳能温室，就包括了太阳能温室种植——沼气升温——居住采暖等功能，为北方地区冬季生活与生产带来了温暖与便利。

知识卡片

沼气

沼气，顾名思义就是沼泽里的气体。人们经常看到，在沼泽地、污水沟或粪池里，有气泡冒出来，如果我们划着火柴，可把它点燃，这就是自然界天然发生的沼气。沼气，是各种有机物质，在隔绝空气（还原条件），并必须适宜的温度、湿度下，经过微生物的发酵作用产生的一种可燃烧气体。

第4章 古法新用——光热转换

五、太阳能空调

太阳能空调是利用先进的超导传热贮能技术，集成了生物质能、太阳能、超导地源制冷系统的优点，最新研发成功的一种高效节能的冷暖空调系统。

新型太阳能复合超导冷暖空调，制热时以太阳能和可再生的生物质燃料为主要能源，是真正绿色的取暖方式。制冷时借助少量的电能利用地源低温，采用超导能量输送系统直接制冷，达到最合理的节能的制冷效果。传统的空气冷却器有着各种顽固的缺点，例如长期消耗大量的能源、能源利用效率低、加速全球气候变暖等。利用太阳光来冷却家庭房间或办公室那是人们多年来美好的夙愿，这样既不会消耗大量难以再生的能源，而且在制冷过程中不会释放太多二氧化碳。

太型太阳能空调

太阳能空调系统兼顾供热和制冷两个方面的应用，综合办公楼、招待所、学校、医院、游泳池、水产养殖、家庭等，都是理想的应用对象。冬季乃至全年均需要供热，如生活热水、采暖、游泳池水补热调温等，而夏季又需要冰凉世界，以太阳能热水制冷，就是一座中央空调。当前，世界各国都在加紧进行太阳能空调技术的研究。据调查，已经或正在建立太阳能空调系统的国家和地区有意大利、西班牙、德国、美国、日本、韩国、新加坡、中国香港等。这是由于发达国家的空调能耗在全年民用能耗中占有相当大的比重，利用太阳能驱动空调系统对节约常规能源、保护自然环境都具有十分重要的意义。

太阳能空调

夏天，太阳能空调采用制冷模式。所谓太阳能制冷，就是利用太阳集热器为吸收式制冷机提供其发生器所需要的热媒水。热媒水的温度越高，则制冷机的性能系数(也称COP)越高，这样空调系统的制冷效率也越高。例如，若热媒水温度60℃左右，则制冷机COP约0～40；若热媒水温度90℃左右，则制冷机COP约0～70；若热媒水温度120℃左右，则制冷机COP可达110以上。实践证明，采用热管式真空管集热器与溴化锂吸收式制冷机相结合的太阳能空调技术方案是成功的，它为太阳能热利用技术开辟了一个新的应用领域。

当冬季来临，人们需制热时，超导太阳能集热器吸收太阳辐射能，经超导液传递到复合超导能量储存转换器。当储热系统温度达到40℃时，中央控温系统，自动发出取暖指令，让室内冷暖分散系统处于制热状态，经出风口输出热风。当房间温度达到设定温度值时，停止输出热风，房间的温度低于设定值时，出风口又输出热风，如此自动循环达到取暖的目的（各房间的温度设定是独立的，互相不影响）。如遇到连续的阴天，太阳能不足时，生物质热能发生器投入使用，以补充太阳能的不足。

与传统制冷空调相比，这种设备最大的优势在于，在太阳最烈的时候人们最需要制冷，而太阳光能越多，该设备就更容易搜集到大量能量加以利用。相辅相成的关系能够更好的满足消费者的需求。

太阳能吸附式制冷机

知识卡片

二氧化碳

二氧化碳是空气中常见的化合物，其分子式为CO_2，由两个氧原子与一个碳原子通过共价键连接而成，常温下是一种无色无味气体。其密度比空气略大，能溶于水，并生成碳酸。固态二氧化碳俗称干冰。二氧化碳认为是造成温室效应的主要来源。

媒水

媒水是承载、转运能量的媒介，在空调系统中有冷媒水和热媒水之称。供冷季节制冷机房的冷水机组将所产生的冷量传给冷媒水，并通过它将冷量运送到较远的各种使用场所。反之，在供暖季节同样的媒水流经锅炉、太阳能受热器等能产生热量的设备，将热量传送到上述的各使用场所。

媒水是普通的水，靠媒水泵在密闭的媒水管道系统中循环、运载冷量或热量而基本不会消耗；为了不使长期使用的媒水长菌腐败、变酸腐蚀管道或因水中所含矿物使管道、各类热交换器内结垢影响换热效率，工程人员会根据水质对媒水投加各类的杀菌、中和、镀膜缓蚀等药物，使水质中性，延长设备的使用寿命。

第4章 古法新用——光热转换

六、高温太阳炉

太阳炉是利用太阳能的一种加热炉，是用在高温试验的太阳能装置。它由抛物面镜反射器、受热器、支持器、转动机械及调整装置组成。

我国研发的第一代太阳炉

太阳炉作为一种精密的光学仪器，它的工作原理是将成束的太阳光线聚焦在很小的靶上，聚焦在被加热物料上，使物料加热，产生高能量和高温。太阳炉通常使用一个精确的抛物柱面反射镜来聚焦太阳光，还包括一个跟踪系统使抛物柱面的轴与入射成束太阳光平行，以便充分接受太阳能。此外，还有控制太阳光的光闸机构，一个接收器和固定靶标的装置。高温太阳炉温度可达3500℃。可在氧化气氛和高温下对试样进行观察，不受电场、磁场和燃料产物的干扰。可用在高温材料的科学研究。

工作中的太阳炉

太阳炉可以用在研究金属氧化物等材料的高温特性或材料的强热冲击特性。许多小型太阳炉是用五呎直径的探照灯反射镜制造的，最大的太阳炉建在法国庇里牛斯山区的澳德炉，它由9600块弯曲的玻璃反射组成，面积达1860平方公尺，山坡上排列着63个大型可移动平面镜，太阳辐射经过它的反射到太阳炉。这个系统可向要加热的材料输送1千瓦的能量。

法国庇里牛斯山区的澳德炉

我国的科学家一直致力于对高温太阳炉技术的研发。据有关资料显示，2001年，以中国科学院理论物理所陈应天教授主导的研究团队开始利用新型太阳炉对工业硅进行去磷、去硼理念的实验室探索，经过十几年的研究，建立了一整套崭新而可行的使用太阳能提纯硅材料的方法。

新型太阳炉冶炼高纯硅

学者们的研发使整个高温太阳炉技术迈进了一大步。新型太阳炉的的制作成本是传统太阳炉1/10，制造出聚光性能可以比美甚至超越传统的太阳炉。这一项目所采用的方法是世界上首次提出用再生能源产生再生能源的方法，具有很强的环保优势和成本优势。硅材料的市场需求空间非常大，这个项目恰好满足于市场与环境的要求。

硅材料太阳能设备

知识卡片

磷

第15号化学元素，处于元素周期表的第三周期、第VA族。磷存在于人体所有细胞中，是维持骨骼和牙齿的必要物质，几乎参与所有生理上的化学反应。磷还是使心脏有规律地跳动、维持肾脏正常机能和传达神经刺激的重要物质。

硼

硼原子序数是5，原子量为10.811。硼在地壳中的含量为0.001%。天然硼有2种同位素：硼10和硼11，其中硼10最重要。硼为黑色或银灰色固体。晶体硼为黑色，熔点约2300℃，沸点3658℃，密度2.34克/立方厘米；硬度仅次于金刚石，较脆。

约公元前200年，古埃及、罗马、巴比伦曾用硼沙制造玻璃和焊接黄金。1808年法国化学家盖·吕萨克和泰纳尔分别用金属钾还原硼酸制得单质硼。

航模电机运用钕铁硼永磁材料

第5章

打开潘多拉盒子
——光电转换

◎ 太阳光发电的畅想
◎ 太阳能光伏发电
◎ 日常生活中的“小太阳能”
◎ 太阳能发电厂
◎ 太阳能发电存在的问题

第5章 打开潘多拉盒子——光电转换

一、太阳光发电的畅想

我们现有电力能源的来源主要有3种：火电、水电和核电。随着经济的发展、社会的进步，人们对能源提出越来越高的要求，寻找新能源成为当前人类面临的迫切课题。

火力发电厂

火力电需要燃烧煤、石油等化石燃料。一方面化石燃料蕴藏量有限、越烧越少，正面临着枯竭的危险。据估计，全世界石油资源再有30年便将枯竭。另一方面燃烧燃料将排出二氧化碳和硫的氧化物，因此会导致温室效应和酸雨，恶化地球环境。

蓄水大坝

水力电是利用水的势能，这样就要建大坝蓄水，就要淹没大量土地，有可能导致生态环境破坏。如果当大型水库一旦塌崩，后果将不堪设想。此外，任何地区的水力资源都是有限的，有些还要受季节的影响。

核电虽然也是热门的可再生能源，但它并不是最理想的能源。万一发生核泄漏，后果同样是不堪设想的。前苏联切尔诺贝利核电站事故，已使900万人受到了不同程度的损害，日本福岛核泄漏也造成了严重的污染。而且核事故影响深远，短时间内无法消除。

这些都迫使人们去寻找新能源。新能源要同时符合两个条件：一是蕴藏丰富不会枯竭；二是安全、干净，不会威胁人类和破坏环境。目前找到的新能源主要有两种，一是太阳能，二是燃料电池。另外，风力发电也可算是辅助性的新能源。其中，最理想的新能源是太阳能。

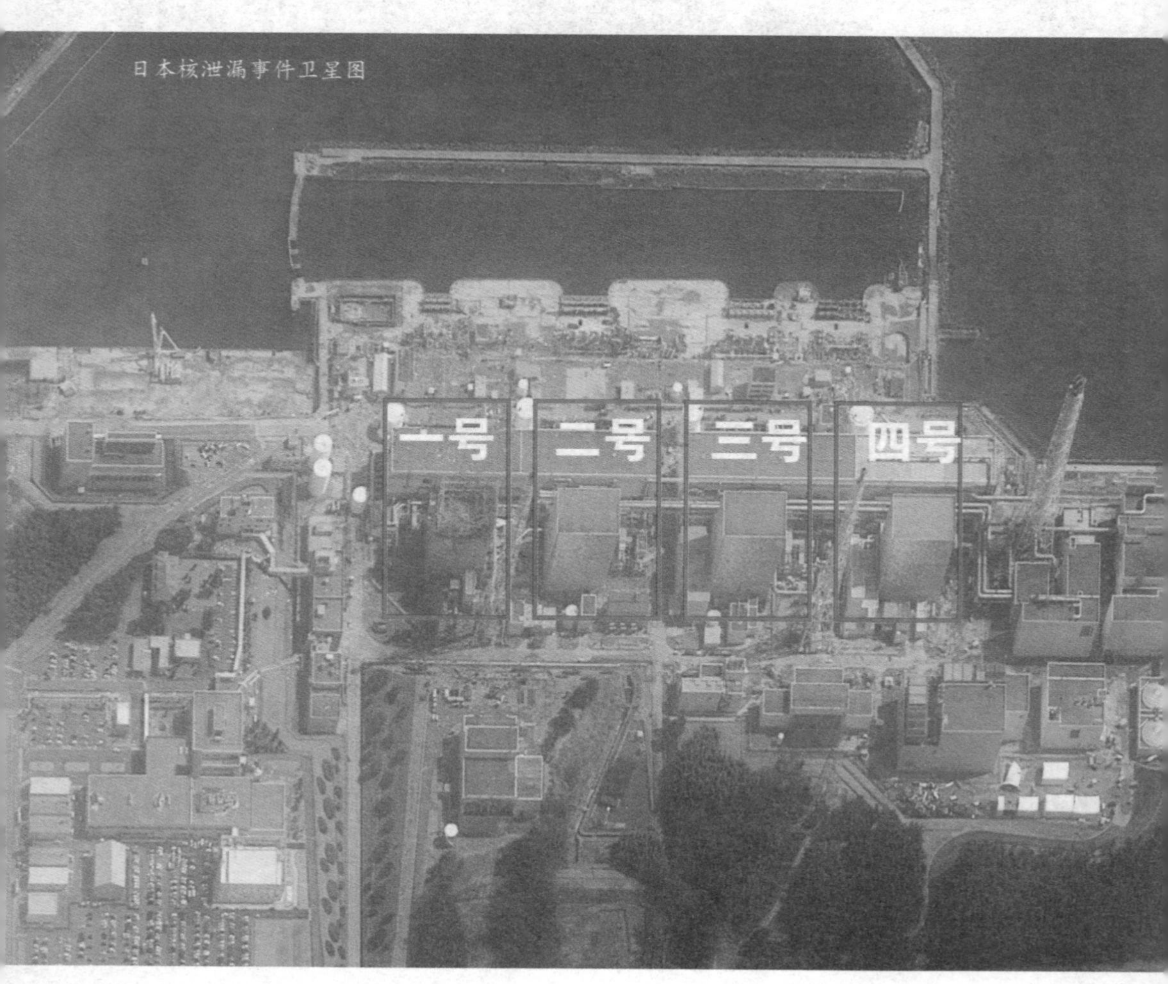

日本核泄漏事件卫星图

前面我们已经提过太阳的热发电，但热发电并不是直接利用太阳光来发电，而是利用太阳光所携带的热能加热水，通过蒸汽动力来发电。所以，并不能算是全新意义和真正意义上的太阳能发电。

那么，太阳光能直接利用起来发电吗？光能能直接转换为电能吗？多年来的研究表明，这些问题的答案都是肯定的。光伏发电就是直接利用太阳能光能发电的，它已经在我们生活中广泛应用。

知识卡片

硫

硫是一种元素，在元素周期表中它的化学符号是S，原子序数是16。硫是一种非常常见的无味的非金属，纯的硫是黄色的晶体，又称做硫磺。硫有许多不同的化合价，常见的有-2，0，+4，+6等。在自然界中它经常以硫化物或硫酸盐的形式出现，尤其在火山地区纯的硫也在自然界出现。对所有的生物来说，硫都是一种重要的必不可少的元素，它是多种氨基酸的组成部分，因此是大多数蛋白质的组成部分。它主要被用在肥料中，也广泛地被用在火药、润滑剂、杀虫剂和抗真菌剂中。

日本福岛核泄漏

2011年3月11日日本宫城县东方外海发生震级规模9.0级大地震后所引起的一次核子事故，福岛第一核电厂因此次地震造成有炉芯熔毁危险的事故。日本内阁官房长官枝野幸男向福岛第一核电站周边10千米内的居民发布紧急避难指示，要求他们紧急疏散，并要求3千米至10千米内居民处于准备状况。他表示："因为核反应堆无法进行冷却，为以防万一，希望民众紧急避难。"接到指示后，福岛县发出通报，紧急疏散辐射半径20千米范围内的居民，撤离规模约14000人左右。同时此事件也是人类史上第一次在沿海地区发生核电厂意外的事件，其相关的核污染对于整个太平洋及沿岸国家城市的影响仍待观察统计。

4月12日，日本原子力安全保安院（简称"保安院"）将本次事故升至最高的第七级，是国际核事件分级表中第二个被评为第七级事件的事故。

2011年12月16日，日本首相野田佳彦宣布福岛第一核电站核泄漏受控，1至3号反应堆冷停堆成功，核事故处理第二阶段工作结束。

第5章 打开潘多拉盒子——光电转换

二、太阳能光伏发电

与光热发电不同，太阳能光伏发电是直接利用光子的转换，而不是太阳辐射带来的热能。太阳能发电，其基本原理就是“光伏效应”。

“光生伏特效应”简称“光伏效应”。是指物体由于吸收光子而产生电动势的现象，是当物体受光照时，物体内的电荷分布状态发生变化而产生电动势和电流的一种效应。当两种不同材料所形成的结受到光辐照时，结上产生电动势。它的过程先是材料吸收光子的能量，产生数量相等的正、负电荷，随后这些电荷分别迁移到结的两侧，形成偶电层。

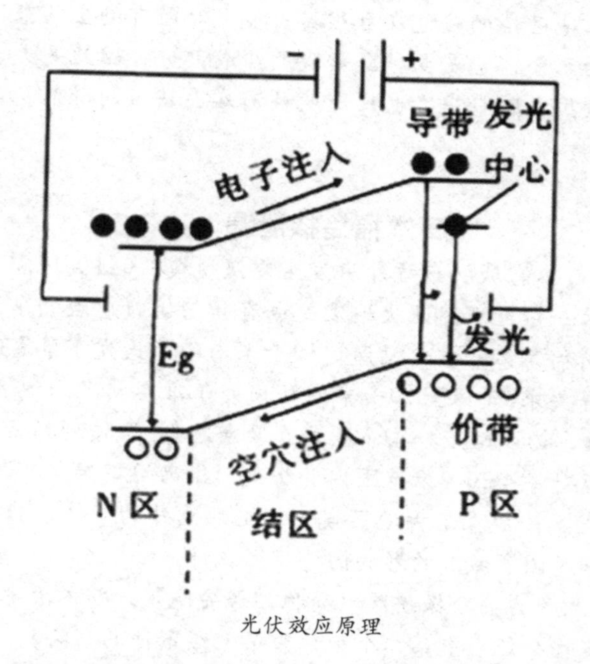

光伏效应原理

太阳能是各种可再生能源中最重要的基本能源，生物质能、风能、海洋能、水能等都来自太阳能，广义地说，太阳能包含以上各种可再生能源。

万物生长靠太阳

太阳能作为可再生能源的一种，则是指太阳能的直接转化和利用。我们在前面介绍的太阳能光热发电，是通过转换装置把太阳辐射能转换成热能利用的属于太阳能热利用技术，再利用热能进行发电的称为太阳能热发电，也属于这一技术领域；通过转换装置把太阳辐射能转换成电能利用的属于太阳能光发电技术，光电转换装置通常利用半导体器件的光伏效应原理进行光电转换，因此又称太阳能光伏技术。

截至2010年，太阳能光伏在全世界上百个国家投入使用。虽然其发电容量仍只占人类用电总量的很小一部分，不过，从2004年开始，上网光伏以年均60%的速度增长。到2009年，总发电容量已经达到21千兆瓦，是当前发展速度最快的能源。据估计，没有联入电网的光伏系统，目前的容量也约有3至4千兆瓦。光伏系统可以大规模安装在地表上成为光伏电站，也可以置于建筑物的房顶或外墙上，形成光伏建筑一体化。

知识卡片

电荷

电荷是带正负电的基本粒子，称为电荷，带正电的粒子叫正电荷（表示符号为“+”），带负电的粒子叫负电荷（表示符号为“－”）。也是某些基本粒子(如电子和质子)的属性，它使基本粒子互相吸引或排斥。

光子

原始称呼是光量子，电磁辐射的量子，传递电磁相互作用的规范粒子，记为γ。其静止质量为零，不带电荷，其能量为普朗克常量和电磁辐射频率的乘积，$E=h\nu$，在真空中以光速c运行，其自旋为1，是玻色子。

第5章 打开潘多拉盒子——光电转换

三、日常生活中的“小太阳能”

经过上面的介绍，仿佛太阳能发电都是应用在“大”的方面，离我们平常的生活比较远。但实际上，在我们日常生活中，在我们的身边，到处都能寻找到利用太阳能发电的例子，如各种太阳能小玩具、太阳能路灯、太阳能台灯，等等。

太阳能小花

我们会经常看见，在一些小汽车上，会有着各种各样的迷你太阳能盆栽。这些小盆栽采取的是光能驱动，不需电池，不需浇水，就会摆动两片天使形状的叶子。这个太阳能盆栽可以根据太阳光的强烈程度自动发生着变化。

这是一款最适合环保主义者使用的装饰品，由法国设计师设计的室内太阳能盆景。不仅能作为装饰物为室内增添生活品位，只要摆放在合适的位置，让它获得充足的光照，就能为手机、MP3、数码相机等设备充电。

室内太阳能盆景

太阳能手电筒是采用太阳能技术与节能LED完美结合的产物；外观精致功能方便实用；白天放到太阳底下晒晒，晚上就可以用几个小时，不需要更换电池，不会造成环境污染；是真正的低碳环保绿色产品。太阳能手电工作原理是：先采集光线，将光能转换为电能，并由安定器转变，带动LED发光。

太阳能手电筒

太阳能手表又叫光能表，只要让表面接触到光，就能走动，而且在没有光的地方也能坚持一段时间。光能表利用光能，可以免去定期更换电池的麻烦，更加环保，平均寿命都在10年以上，因而是现代人喜爱的产品。随着技术的不断改进，现在光能表也越来越时尚，功能齐全，实用又不失美观，深受人们的最爱。

进入新世纪以来，治理废电池对环境污染的呼声日益高涨，越来越多的制表企业在石英表中抛弃传统的一次性电池，而采用人动电能和光动电能模式作为驱动，借此缓解环保方面的压力和提升自身形象。光能手表使用“取之不尽、用之不竭”的光线作为能源，将光能转化成为电能，并储存在充电电池中，然后再匀速释放给机芯。光能表这样的能换结构不仅免去了人们换电池的烦恼与不便，更降低了废弃电池的污染。光能表在接受光能(任何光源)照射充满电池后，在完全黑暗的环境中可以持续运行180日以上，日常生活中的光无处不在，因此无需担心手表的动力问题。

太阳能手表

太阳能充电器的工作原理是，将太阳能转换为电能以后存储在蓄电池里面，蓄电池可以为任何形式的蓄电装置，主要为铅酸电池、锂电池、镍氢电池，负载可以是手机等数码产品，负载是多样性的。在阳光下，通过光能转换为电能并通过控制电路储存到内置蓄电池，也可以直接把光能产生的电能对手机或其它电子数码产品充电，但必须依据太阳光的光度而定，在没有太阳光的情况下，可以通过交流电转化直流电并通过控制电路储存到内置电池。

在电子产品层出不穷的现代社会，太阳能充电器为我们的生活带来了不少便利，既节约了充电费用，也符合环保标准。

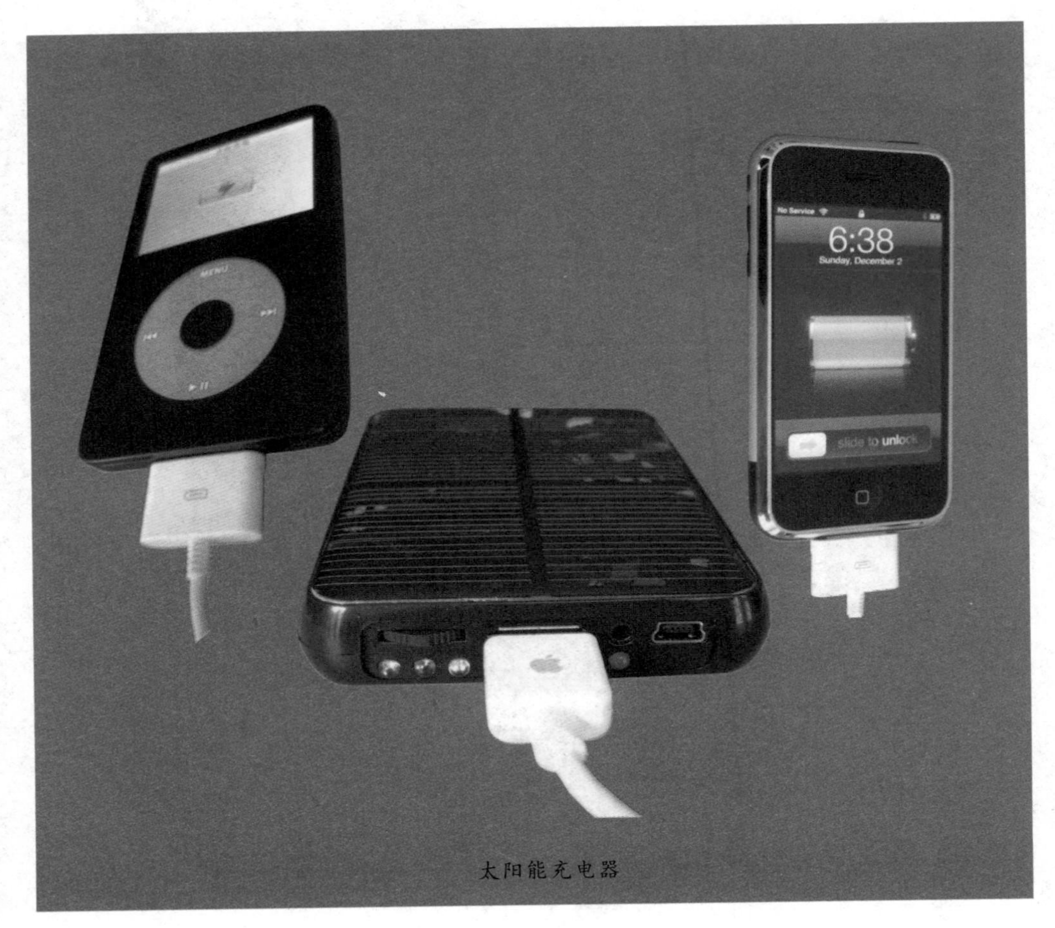

太阳能充电器

太阳能台灯是通过太阳能电池板利用光照，吸收太阳能将其转换为电能，并贮存在蓄电池内。当需要照明时，打开开关，即可用在照明。采用超亮LED作光源，具有节能省电的特点，利用太阳能充电，无需频繁更换电池，适应了清洁、环保的发展趋势。该产品携带方便，操作简单，是现代生活中理想的照明工具。

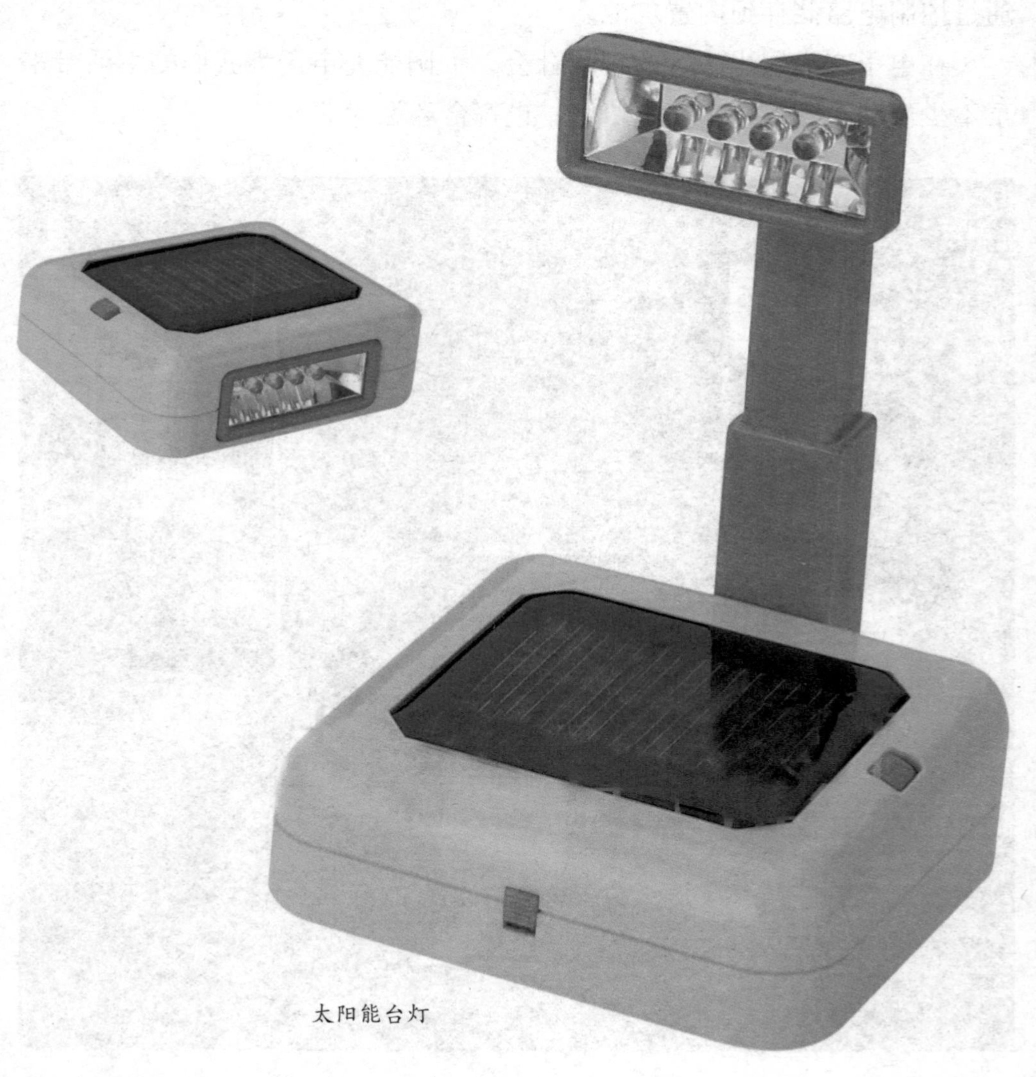

太阳能台灯

知识卡片

锂电池

锂电池模块

锂电池是一类由锂金属或锂合金为负极材料、使用非水电解质溶液的电池。最早出现的锂电池来自伟大的发明家爱迪生，使用氧化还原反应，放电。

由于锂金属的化学特性非常活泼，使得锂金属的加工、保存、使用，对环境要求非常高。所以，锂电池长期没有得到应用。现在锂电池已经成为了主流。

铅酸电池

铅酸电池（VRLA），是一种电极主要由铅及其氧化物制成，电解液是硫酸溶液的蓄电池。铅酸电池荷电状态下，正极主要成分为二氧化铅，负极主要成分为铅；放电状态下，正负极的主要成分均为硫酸铅。

镍氢电池

镍氢电池是有氢离子和金属镍合成，电量储备比镍镉电池多30%，比镍镉电池更轻，使用寿命也更长，并且对环境无污染。镍氢电池的缺点是价格比镍镉电池要贵好多，性能比锂电池要差。

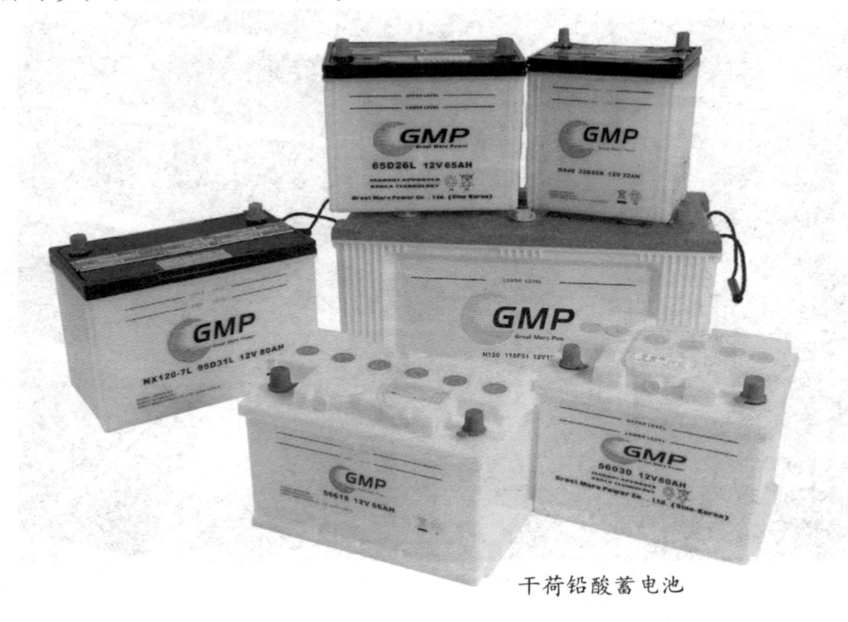

干荷铅酸蓄电池

第5章
打开潘多拉盒子——光电转换

四、太阳能发电厂

太阳能发电厂是用太阳能来发电的工厂，它是利用太阳能转换为电能的光电技术来工作的。目前世界上利用太阳能发电最多最成功的国家是德国，它利用太阳能来发电可供55万个家庭用电所需，是世界利用太阳能发电的典范。

德国一直非常支持发展生产可再生能源的现代科学技术。调查结果显示，接近62%的德国人认为应该增加在可再生能源方面的投入。大部分受访者支持利用风力发电，并赞同努力在未来20～25年内实现。利用海上风力发电站，可满足该国15%的电力需求。在未来20～30年内，太阳能是另一个将获得长足发展的能量来源。调查结果还显示，有85%的德国民众将太阳能视为替代传统能源的最佳对象。

德国太阳能光伏发电厂

太阳能发电技术位居世界前列的德国，在巴伐利亚州法兰哥尼亚地区的阿恩施泰因建成大型的太阳能发电场，其发电功率为12.4兆瓦，可以同时满足3500户家庭的用电需要。这座太阳能发电场占地77公顷，将拥有1500套太阳能发电装置。它由两家私人企业联合策划，建成后发电功率是目前世界上最大的5兆瓦风力发电站的两倍多。这两家企业计划完全通过私人购买的方式，筹集建场所需的7500万欧元。个人购买套太阳能发电装置的需要先投资1.44万欧元。有研究者表示，这种集资建太阳能发电场的全新途径在德国有着广阔的发展前景。

拟在撒哈拉沙漠建立的太阳能发电厂

欧盟科学家曾提议在非洲撒哈拉沙漠建立太阳能发电厂，主要原因是看好沙漠地区阳光充裕，太阳能发电效能比起北欧强3倍。科学家认为，只要能捕抓到撒哈拉沙漠百分之零点三的阳光，便足够供应整个欧洲用电需求。

整个计划约耗费357亿英镑，在沙漠建筑太阳能电厂面积与英国韦尔斯面积接近。尽管欧洲市场受各国太阳能奖励补助不同而使得需求跟着波动，但欧盟科学家近日提议却可望再创一拨儿需求高峰，欧盟科学家建议政府出资，在非洲撒哈拉沙漠建造太阳能发电厂，预估将可供应整个欧洲所需电力，而该项提议更获得英国首相及法国总理的支持。

同样获得英国首相及法国总理的支持的还有其后续的发展与投资。科学家预测，若该计划得以快速落实，大概2050年前该电厂便能产生1000亿瓦电力，由北非输往全欧电缆成本，预计在未来40年约耗费十亿欧元。若再搭配英国和丹麦风力发电、冰岛与意大利地热发电等，全欧洲有用之不竭的干净再生能源电力网络。

沙漠太阳能电厂效果图一

太阳能发电从业者表示，比起依赖欧洲各国政府不同的补助政策，以及考虑到不同日晒度问题，在撒哈拉沙漠建立太阳能发电厂，可快速落实解决传统能源短缺及成本不断提升问题，若该项提议通过，全球太阳能业者均可望因为需求带动再次受惠，例如在欧洲市场深耕的茂迪、益通及昱晶等，预估均可快速感受到该项需求。

沙漠太阳能电厂效果图二

主宰全球太阳光电绝大多数需求的欧洲市场，虽然受到西班牙于2008年9月结束首拨儿优惠补助案，以及德国2009年开始由5%年降幅补助调至8%降幅，使得市场对于欧洲市场需求存疑虑，但瑞士近期开始像德国、法国和西班牙一样，通过对可再生能源电力进行补贴，期限长达20～25年，计划每5年审议一次实施情况。

沙漠太阳能电厂效果图三

在亚洲，日本是太阳能发电的先驱者。在日本，太阳能发电是非常普及的。在家庭方面，太阳能发电普及的难点就是费用非常高。购买太阳能发电装置的费用能否比电费合算是关键，这在以前也是做不到的。当时的太阳能发电装置很难卖出去，正是因为卖的数量少，所以不能大规模批量生产。

现在，家庭购买这种装置，一半的费用由政府来补贴，所以现在卖出去的越来越多，价格也随之降低了。据了解，10年前，日本3千瓦的发电设备价格约为600万日元，这大概够交几十年的电费，而现在的市场价格降低了一半。折合成人民币，约从40万元降到了20万元左右。

在日本使用太阳能发电装置还有一个独特的好处：白天不用电，而是发电卖给电力公司或者政府，而后者也积极收购，这样得到的收入可以用来抵消部分电费。根据统计资料可以看到一个有意思的情况——在普及了太阳能发电装置的家庭，节电工作反而做的更好。经过多年的苦心经营，日本成为世界上能源利用效率最高的国家之一（为美国的2.75倍）。日本的太阳能技术全球独领风骚，2002年日本的太阳能发电量占全球总量的46%。

日本普及太阳能发电

第5章
打开潘多拉盒子——光电转换

五、太阳能发电存在的问题

太阳能光伏发电系统主要由太阳电池板（组件）、控制器和逆变器三大部分组成，它们主要由电子元器件构成，不涉及机械部件，所以，光伏发电设备极为精炼，可靠稳定寿命长、安装维护简便。理论上讲，光伏发电技术可以用在任何需要电源的场合，上至航天器，下至家用电源，大到兆瓦级电站，小到玩具，光伏电源可以无处不在。但太阳能光伏发电并不是十全十美的，它还存在一些有待攻克的“弱点”。目前它的主要缺点有以下几个方面：

◆ 光伏发电需要占地面积大

虽然我们平时看到、接触到的太阳能光伏发电设备都不是非常巨型的，但如果真的需要将光伏发电作为主要电力来源的话，那么我们将需要更大更广阔的地域去尽可能多地收集阳光。但这样的设想是有些不符合城市发展的实际的，但城市却是电力需求量最大的地方。

此外，太阳能光伏发电的普及背后会带来一连串的意想不到的污染。比如以单晶硅或多晶硅为主要原料的太阳能电池板正越来越多地点缀于城市建筑的屋顶、墙壁，成为一座座所谓“清洁无污染”的太阳能电站。但是，在这种被称为“绿色电站”

的身后，却“隐藏”着一系列高能耗、高污染的生产过程。即使作为第三代太阳能电池的染料敏化电池来说，虽然它最大吸引力在于廉价的原材料和简单的制作工艺。据科学家估算，它的成本仅相当于硅电池板的1/10。但是此类电池的效率随面积放大而降低。这一点又与太阳能发电需要充足的日照和广域的面积相矛盾。

太阳能光伏发电需要占地面积巨大

◆ 光伏发电的成本太高

在太阳能电池中硅系太阳能电池无疑是发展最成熟的，但其成本居高不下，远不能满足大规模推广应用的要求。我国目前太阳能发电的应用基本在集中供电成本过高的边远地区。成本的居高不下是太阳能发电在国内产业化运作中的主要难题。但太阳能与其他新能源相比在资源潜力和持久适用性方面更具优势，从长远前景来看，光伏发电是最具潜力的战略替代发电技术。专家预测，到本世纪后期，太阳能发电将在世界电能结构中占据80%的位置。

可见制约太阳能光伏产业发展的主要原因是太阳能发电的高额成本，而高成本主要来自太阳能组件的生产——规模化生产是降低成本的主要途径。而在规模化生产形成过程中，促进技术进步和政府的法规政策支持将起到举足轻重的作用。要达到这样的目标，政府采用完整、有效的激励政策是关键。

光伏发电需要高技术高成本

◆ 光电转化率很低

我们大家都知道，太阳光电池主要功能在将光能转换成电能，这个现象称之为光伏效应。但是这就使得我们在选取太阳能电池板原材料的时候，产生了众多不便的因素。要求我们必须考虑到材料的光导效应及如何产生内部电场。不仅要吸光效果，还需要看它的光导效果。所以材料的选取对于光伏发电来说是一项很大的约束。必须充足了解太阳光的成分及其能量分布状况，从目前太阳能发展的情况来看，材料的选取仍旧是个待提高的突破点。即使在非常高效的材料下进行光电转换，它的效率仍然很低。据2008中国能源投资论坛中最新报告可知，上海市纳米专项基金的支持下，经过3年多实验与探索，已经研制出一块新型仿生太阳能电池。它的光电转化效率已超过10%，接近11%的世界最高水平。从数据我们能够看出，11%这个极低的水准却是目前世界上无法逾越的高度。因此，太阳能光伏发电的转换效率低，依旧是国家乃至世界研究组一直以来希望妥善解决的问题。

转化率低是光伏发电发展的瓶颈

从上面的种种现象看来，太阳能光伏发电在未来的领域中仍需要人们不断的探索与完善，在开发利用太阳能技术方面，我们还有很长的路要走。

转化率

化学中的转化率是指在一个化学反应中，特定反应物转换成特定生成物的百分比。所有产物全部转化成生成物对应100%转化率。计算转化率的时候要考虑到化学计量系数。对于未达到化学平衡的过程，转化率和反应本身以及反应环境、催化剂等都有关。

第6章

造福人类
——太阳能与未来世界

◎ 太阳能与现代监控技术
◎ 太阳能与航空航天科技
◎ 太阳能与环境保护
◎ 太阳能与现代化学
◎ 太阳能与现代生物学
◎ 太阳能与现代交通

第6章 造福人类——太阳能与未来世界

一、太阳能与现代监控技术

近年来，太阳能无线网络监控悄然兴起。与传统视频监控不一样，它是一种真正的脱“线”了的远程视频传输模式。太阳能无线传输模式慢慢从一种概念，成为现实，走入人们的视野，走进我们的生活。

高速公路上的太阳能监控器

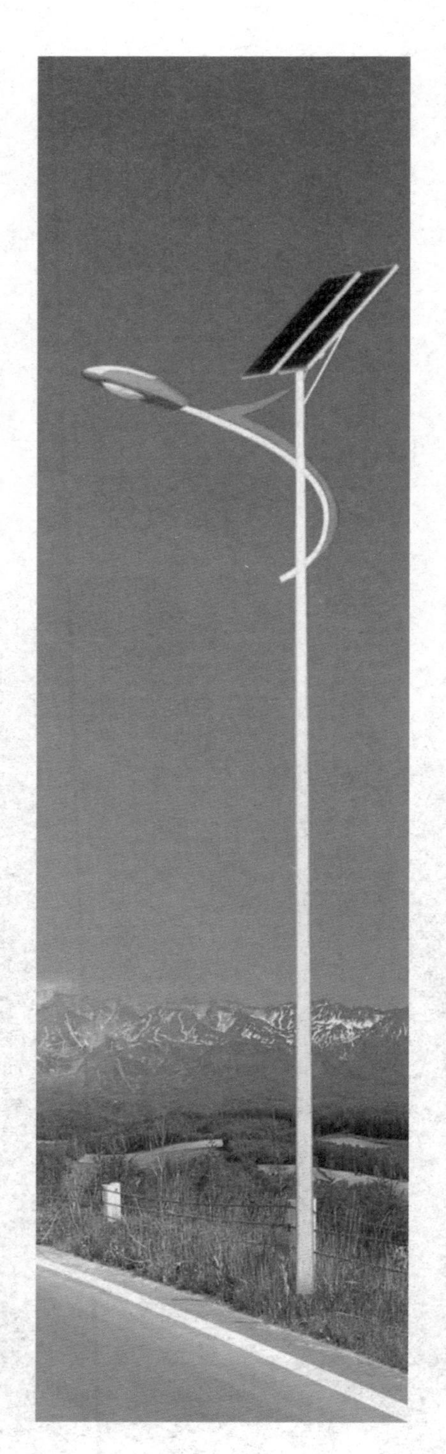

太阳能监控系统由于主要利用的是可再生新能源供电的无线传输模式，所以该系统具有：不需挖沟埋线、不需要输变电设备、不消耗市电、维护费用低、低压无触电危险。此种工程案例主要应用在一些偏远地带以及太阳能资源相对丰富的地区。如高速公路、电力传输线监控、石油天然气管道监控、森林防火监控、边境线监控、航道指示灯塔、海岸线、岛屿(群)等。其次是景区的需要，如城市风光景区、旅游景区、自然保护区、野生动物保护园区。这些地区无人无电无网线，但需要实时监控管理又需节能零排放无污染。

这些野外大范围监控是网络视频监控的一个新的应用市场，它对监控系统的供电和信号传输提出了各种新的要求。利用太阳能和无线网络传输来实施远距离视频监控，有助于大幅度降低工程材料使用量和施工作业工程量，既能满足监控的需求，又有利保护环境、节约能源。

在野外的太阳能监控器

太阳能监控器

太阳能无线视频监控系统有蓄电池子系统、太阳能发电子系统、电源管理子系统、摄像机子系统、数据传输子系统、视频记录子系统和其它辅助子系统组成。太阳能发电子系统，数据无线传输子系统分别解决了远距离监控的供电问题和传输问题，这是实现野外远距离监控的关键系统。以下我们就这两个重要系统分别进行简要说明。

太阳能发电系统是整个系统的关键，需要根据太阳能为蓄电池充电的速度来决定太阳能发电的功率。由于蓄电池充电有其自身的特性和有效日照时间的影响，蓄电池需要一天或以上才能达到充满的效果。由于太阳能发电和蓄电池储电的宝贵，它直接影响了整个系统的建设成本，因此整个系统中工作部分设备的低功耗运行变成为了太阳能无线视频监控的关键之一。蓄电池的计算，主要是根据客户的系统需要连续工作的时间的需求来计算的。供电控制系统必须把有限的太阳能功率最大程度化地利用，在最短的时间内把蓄电池充满。

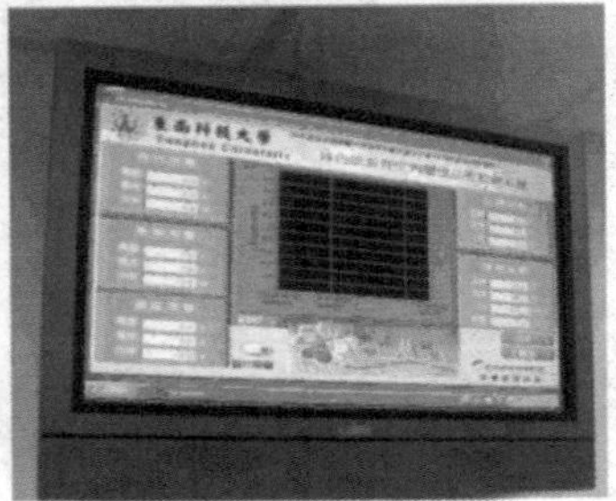

太阳能监控系统

目前适合进行太阳能无线视频监控的数据传输方式有两种：无线网络即WIFI和3G网络。两种网络各有优点，用户可有针对性选择。

从地域与可操作性看，WIFI适合监控点离监控中心之间的距离不算很远，且中间无阻隔，或者可以通过增加很少的转接点连接到监控中心的传输。例如农牧场、湖泊、沼泽、河流、海岸等等。WIFI传输可以获得较高的有效带宽，保证视频传输的清晰度和流畅性。

如果监控点离监控中心比较远，且中间有很多建筑和阻隔，这时采用3G视频传输将是一个比较好的选择。3G传输由于运营商的服务的支持，更加适合于城市、村庄、郊区和快速应急应用。利用3G视频传输，将视频数据通过相关的电信运营商的网络传递到监控中心。如果可以通过互联网来传输视频则会更加容易实现跨地区的远程视频监控。

如果从经济上来比较，半径30千米以内，监控点是10个以上，用WIFI传输比较实惠；如果监控点是10个以内，就用3G传输比较经济些。但由于3G带宽还不能达到传输高质量监控图像的期望值，加上3G资费的因素，所以在开阔地域使用WIFI传输偏多些。但这些数据都不是绝对的，最终使用还是要看实际的情况。

太阳能无线视频监控系统

太阳能监控系统的其它主要是摄像机子系统。工程要根据耗电设备的整个功耗参数指标，所以这些设备的参数非常重要，将直接影响到对太阳能能发电子系统和蓄电池子系统的计算和设计，直接影响到整个系统能否正常运行。同时，由于太阳能无线视频监控都是应用在野外，受气候条件的影响很大。

此外，为了克服无线传输过程可能出现的视频中断，需要在现场记录设备中采用相应的如SD卡和硬盘等存储器件。除此之外，还可以根据客户需要配备一些类似于灯光、探测、报警等辅助系统。

虽然太阳能监控系统技术还不纯熟，还有需要完善的地方，但其价值与使用的便利性必然会得到更好的发展，让其在未来更好地为人类服务。

知识卡片

WIFI

Wi-Fi是一种可以将个人电脑、手持设备（如PDA、手机）等终端以无线方式互相连接的技术。Wi-Fi是一个无线网路通信技术的品牌，由Wi-Fi联盟(Wi-Fi Alliance)所持有。目的是改善基于IEEE 802.11标准的无线网路产品之间的互通性。现时一般人会把Wi-Fi及IEEE 802.11混为一谈。甚至把Wi-Fi等同于无线网际网路。

3G

第三代移动通信技术（3G），是指支持高速数据传输的蜂窝移动通讯技术。3G服务能够同时传送声音及数据信息，速率高。目前3G存在四种标准：CDMA2000，WCDMA，TD-SCDMA，WiMAX。

蓄电池

蓄电池是电池中的一种，它的作用是能把有限的电能储存起来，在合适的地方使用。它的工作原理就是把化学能转化为电能。

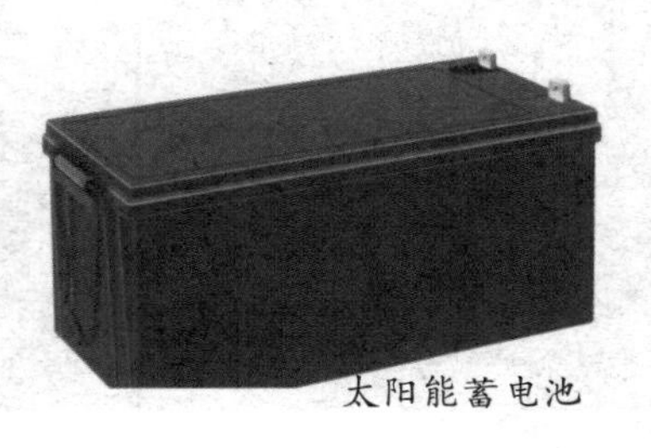

太阳能蓄电池

二、太阳能与航空航天科技

卫星进入太空以后，空间站在太空运行，它们的动力是谁提供的呢？相信答案对很多人来说都不陌生，那就是太阳能。作为太阳能能量转换的载体，太阳能电池在航空航天有广泛的应用。

卫星上的太阳能电池板

国际空间站太阳能电池板

太阳能电池主要是广泛应用在人造卫星和航空航天领域，如人造卫星、宇宙空间站上的能源都是由太阳能电池提供。在固定轨道上利用宇宙中没有气候影响达到更高的利用率、应用空间优势集中设置极其巨大的太阳能电池阵的专门用在发电的宇宙空间站。

近年世界上正在研制一种现代化通讯工具“太阳能平流层平台”。它是一架长240米，直径80米的巨型飞艇，飞艇内充满氮气，由浮力克服重力，将飞艇锁定在20千米的高空，飞艇上螺旋桨的推力来平衡平流层内速度高达30米/秒的气流，使飞艇在高空定位，由飞艇上安装的微波通讯发射和接收系统来代替全球卫星定位系统，确保所辖区域的各种地面微波通讯的可靠运行。

第一个空间太阳电池是体装式结构，单晶Si衬底，效率约10%(28℃)。到了20世纪70年代，科学家们改善了电池结构，采用BSF、光刻技术及更好减反射膜等技术，使电池的效率增加到14%。到了70年代和80年代，随着地面太阳电池产量的不断增长与技术的改进，空间太阳电池在空间环境下的性能，如抗辐射性能等得到了较大改善。由于80年代太阳电池的理论得到迅速发展，极大地促进了地面和空间太阳电池性能的改善。到了90年代，薄膜电池和Ⅲ－Ⅴ电池的研究发展很快，而且聚光阵结构也变得更经济，空间太阳电池市场竞争十分激烈，带动了整个行业的发展。

轨道太阳能发电站模拟图

利用太空太阳能发电的研究有着很多不可替代的好处，几十年来一直受到人们的关注。早在1968年，美国工程师就抛出了第一套轨道太阳能发电站的方案。如果这些项目和想法能够大规模发展，也许真的可以像科幻电视剧里描述的那样，永久地解决人类的能源问题。

首先，太空中的太阳能电池板没有大气层的阻隔，没有干扰，它接受太阳光的强度是地球上的8－10倍，而且更清洁。其次，它可以24小时持续不断地接收阳光，解决了地面太阳能发电间断和稳定性差的问题。最后，太空的“土地”是免费的，况且目前国际社会尚无对开发太空太阳能的限制和法律约束。所以，这也给了太空太阳能一个巨大的发展空间。

太阳能发电卫星是一个构想中的利用微波功率传输将太阳能传送到地球上巨型天线的卫星。其优势是于太阳之间无阻碍，并且不受昼夜周期的影响。他是一种可再生能源。目前的造价仍非常高，有可能在技术进一步发展或能源价格进一步上涨后被建造。

人类计划在太空建千兆瓦太阳能电站

由此看来，全人类梦寐以求的太阳能时代实际上已近在眼前，包括到太空去收集太阳能，把它传输到地球，使之变为电力，以解决人类面临的能源危机。随着科学技术的进步，这已不是一个梦想。截止到1979年，共计5000万美元被投入于空间发电系统的研制，该系统由60个卫星组成，设计容量达300兆瓦，将可满足美国2/3的电力需求。由美国国家航空和航天局与国家能源部建造的世界上第一座太阳能发电站，最近将在太空组装，不久将开始向地面供电。

知识卡片

人造卫星

人造卫星是环绕地球在空间轨道上运行（至少一圈）的无人航天器。人造卫星基本按照天体力学规律绕地球运动，但因在不同的轨道上受非球形地球引力场、大气阻力、太阳引力、月球引力和光压的影响，实际运动情况非常复杂。人造卫星是发射数量最多、用途最广、发展最快的航天器。人造卫星发射数量约占航天器发射总数的90%以上。

知识卡片

空间站

空间站又称航天站、太空站、轨道站。是一种在近地轨道长时间运行，可供多名航天员巡访、长期工作和生活的载人航天器。空间站分为单一式和组合式两种。单一式空间站可由航天运载器一次发射入轨，组合式空间站则由航天运载器分批将组件送入轨道，在太空组装而成。

三、太阳能与环境保护

环境保护（简称环保）是由于工业发展导致环境污染问题过于严重，首先引起工业化国家的重视而产生的，利用国家法律法规和舆论宣传而使全社会重视和处理污染问题。

1962年美国生物学家蕾切尔·卡逊出版的《寂静的春天》，被认为是20世纪环境生态学的标志性起点。书中阐释了农药杀虫剂滴滴涕（DDT）对环境的污染和破坏作用，由于该书的警示，美国政府开始对剧毒杀虫剂问题进行调查，并于1970年成立了环境保护局，各州也相继通过禁止生产和使用剧毒杀虫剂的法律。

1972年6月5～16日由联合国发起，在瑞典斯德哥尔摩召开“第一届联合国人类环境会议”，提出了著名的《人类环境宣言》，是环境保护事业正式引起世界各国政府重视的开端。此后，世界各国陆续开展了关于环境保护的项目。

第一届联合国人类环境会议

我国的环境保护事业也是从1972年开始起步，北京市成立了官厅水库保护办公室，河北省成立了三废处理办公室共同研究处理位于官厅水库畔属于河北省的沙城农药厂污染官厅水库问题，导致中国颁布法律正式规定在全国范围内禁止生产和使用滴滴涕。1973年成立国家建委下设的环境保护办公室，后来改为有国务院直属的部级国家环境保护总局。各省市也相继成立了环境保护局。并设立环保举报热线12369和网上12369中心接受群众举报环境污染事件。

环保热线

环境保护宣传海报

太阳能拥有“绿色”、“可再生”、“无污染”等标签，它是大家公认的理想能源，也是与环境保护最密切相关的能源。

之前介绍的各种太阳能技术的利用基本都是单独经行的，但在2000年，澳大利亚举办的奥运会就全面综合地使用了这一项技术。让人们真切地看到，太阳能技术落实到生活各个细节是怎么样的，也告诉人们，其实环保就在身边。

澳大利亚悉尼市政府为了举办2000年奥运会，建筑了665套永久性太阳能住宅和500座太阳能活动房，供各国运动员下塌，并且在悉尼奥运村中的宴会厅和自助餐厅的屋顶上安装了太阳能电池，此举开创了“绿色奥运”的先河。此外在悉尼奥林匹克林荫大道上，排列着19座太阳能灯塔，灯塔上的太阳能电池，白天将阳光的光能转化为电能，贮存于蓄电池中；当暮色降临时，蓄电池中的电能自动释放，将路灯点亮。

悉尼奥运馆24个太阳能电站在为场馆供给能源

他们在奥运村住房设计中安装一套太阳光照、阴影、通风和能量有效利用的全套设施，这也意味着奥运村的能量将被节约50%。与此同时，奥运村还成为世界上最大的太阳能社区，其太阳能设施每年所产生100万千瓦小时的电能，相当于一个小型发电厂的发电量。

悉尼奥运村

知识卡片

联合国

联合国是一个由主权国家组成的国际组织。在1945年10月24日在美国加州旧金山签定生效的《联合国宪章》标志着联合国正式成立。在第二次世界大战前，存在着一个类似于联合国的组织国际联盟，通常可以认为是联合国的前身。

联合国对所有接受《联合国宪章》的义务以及履行这些义务的“热爱和平的国家”开放。2011年由于南苏丹共和国宣布独立并被第65届联合国大会一致通过决议，联合国由原来的192个成员国，增至193个。

奥运会

奥运会，全称奥林匹克运动会，是国际奥林匹克委员会主办的包含多种体育运动项目的国际性运动会，每四年举行一次。奥林匹克运动会最早起源于古希腊，因举办地在奥林匹亚而得名。奥林匹克运动会现在已经成为了和平与友谊的象征。

第6章 造福人类——太阳能与未来世界

四、太阳能与现代化学

光化学合成是指在光的作用下进行的化合物合成研究。光化学反应的完成时光致电子激发态的化学反应。通常用紫外光和可见光，使电子从基态跃迁到激发态，然后，这一激发态再进行其他的光物理和光化学过程。而光化利用则是一种利用太阳辐射能直接分解水制氢的光–化学转换方式。它包括光合作用、光电化学作用、光敏化学作用及光分解反应。

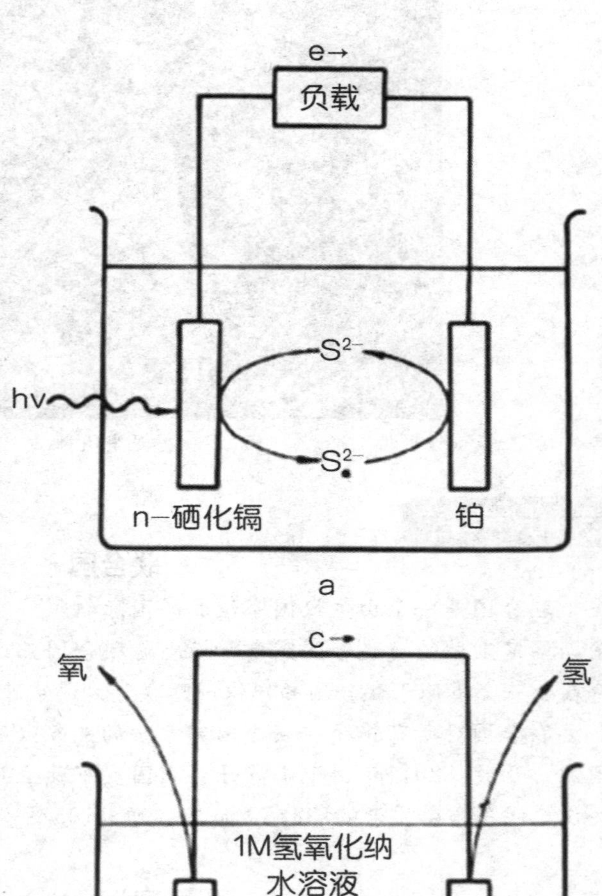

光化作用原理图

光合作用我们已经在前面介绍过它的原理了，它是通过植物的光合作用，太阳能把二氧化碳和水合成有机物（生物质能）并放出氧气的过程。这是最原始的光化学利用。

光电化学是将光化学与电化学方法合并使用，以研究分子或离子的基态或激发态的氧化还原反应现象、规律及应用的化学分支。属于化学与电学的交叉学科。在光的照射下，光被金属或半导体电极材料吸收，或被电极附近溶液中的反应剂吸收，造成或促使电极反应发生，体现为光能与电能和化学能的转换，例如光电子发射；光电化学电池的光电转化；电化学发光等。

1972年，日本本多健一等人利用n型二氧化钦半导体电极作阳极，而以铂黑作阴极，制成太阳能光电化学电池，在太阳光照射下，阴极产生氢气，阳极产生氧气，两电极用导线连接便有电流通过，就是光电化学电池在太阳光的照射下同时实现了分解水制氢、制氧和获得电能。这是太阳能光电化学应用普及的开始。

光电化学电池

以太阳能利用为目的的光电化学，光照电极、电解质溶液体系而产生电荷分离并起氧化还原反应，导致太阳能转换为电能或化学能。当太阳光辐照在半导体电极(例如n－硒化镉)上时，其能量大于半导体禁带宽度的部分被电子吸收而从价带跃迁至导带，产生电子空穴对，又被半导体在电解质溶液中所形成空间电荷区的电场所分离，光生的少数载流子驱向界面与溶液中的氧化还原对（多硫离子和硫离子S2−）起作用。同时多数载流子驱向电极内部再经外线路至对应电极与溶液中电解质起作用：可见通过光照半导体，电子不断经外线路流向对应电极，产生电流，而溶液组成不变，净变化是光能转化为电能，也称为再生式光电化学电池或液结太阳能电池。

太阳能制氢可以广泛运用到各个领域

太阳能制氢是一种二次能源，也是未来的新能源，干净无毒，对环境无污染，可用在不同的能量转换器。目前制氢的方法主要是烃-蒸汽催化转化，这样生产氢会影响环境，而用电解水的方法制氢又成本太高，使用太阳能电池就能解决这一问题。

典型的光电化学分解太阳池由光阳极和阴极构成。光阳极通常为光半导体材料，受光激发可以产生电子空穴对，光阳极和对极(阴极)组成光电化学池，在电解质存在下光阳极吸光后在半导体带上产生的电子通过外电路流向阴极，水中的氢离子从阴极上接受电子产生氢气。半导体光阳极是影响制氢效率最关键的因素。应该使半导体光吸收限尽可能地移向可见光部分，减少光生载流子之间的复合，以及提高载流子的寿命。

目前，在利用太阳能制氢方面除电解水制氢外，特别引人注目的是金属有机化合物用在光解水的研究，近年已取得不少令人鼓舞的重要结果，但距离高效产氢和达到实用阶段，尚有较大差距。

新型光敏染剂

自然界绿色植物的光合作用是已知最为有效的太阳光能转换体系。许多人利用类似叶绿素分子结构的有机光敏染料设计人工模拟光合作用的光能转换体系，进行光电转换的研究。由于有机光敏染料可以自行设计合成，与无机半导体材料相比，材料选择余地大，而且易达到价廉的目标。这些材料具有较高的化学稳定性，能较强吸收可见光谱，作为有机光伏材料，它是目前广泛研究的对象。

知识卡片

电解质

电解质是溶于水溶液中或在熔融状态下就能够导电（电解离成阳离子与阴离子）并产生化学变化的化合物。离子化合物在水溶液中或熔化状态下能导电；某些共价化合物也能在水溶液中导电。

叶绿素

光合作用是通过合成一些有机化合物将光能转变为化学能的过程。叶绿素是一类与光合作用有关的最重要的色素。叶绿素实际上存在于所有能营造光合作用的生物体，包括绿色植物、原核的蓝绿藻（蓝菌）和真核的藻类。叶绿素从光中吸收能量，然后能量被用来将二氧化碳转变为碳水化合物。

第6章 造福人类——太阳能与未来世界

五、太阳能与现代生物学

光生物利用是通过植物的光合作用来实现将太阳能转换成为生物质的过程。目前主要有速生植物（如薪炭林）、油料作物和巨型海藻。

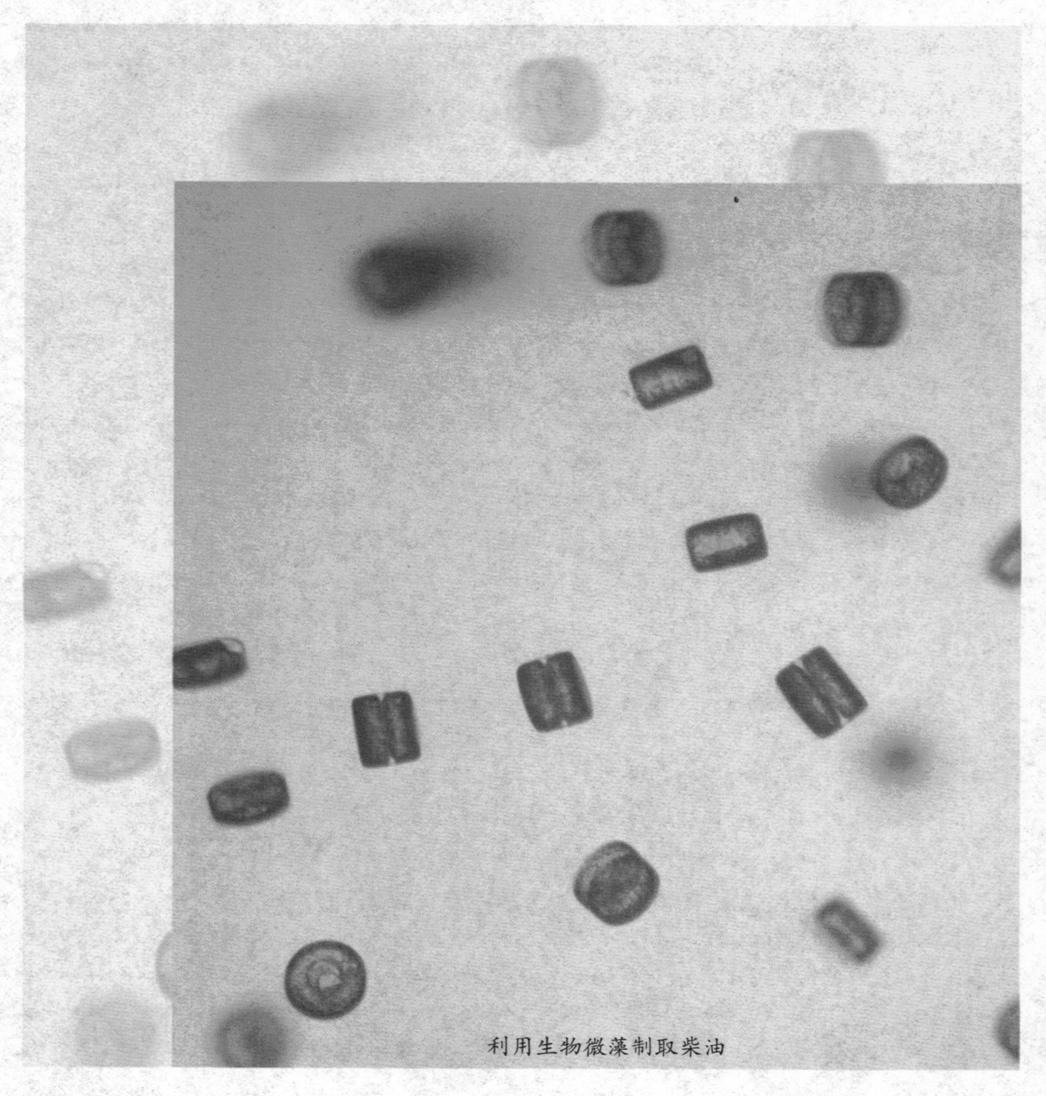

利用生物微藻制取柴油

世界各国非常关注光生物利用的开发。1998年，伦敦一家公司宣布，其研究人员发明了一种能够将微型海藻加工成柴油发动机燃料的方法。在一组由可接受阳光的玻璃管构成的生物反应器里培育出小球藻，再借助离心机使小球藻脱水、烘干，然后碾成粉末。这些粉末与空气一起喷入发电机气缸，排放的气体中由于含有大量的一氧化碳和氧化氮，可再送回生物反应器作为海藻生产的肥料。当发动柴油机时，应先用常规燃料，然后慢慢添加海藻，一直增加到变成单一的海藻燃料。

经过提炼加工从而生产出生物柴油

美国高度重视生物质能研发，提出未来10年政府投入1500亿美元带动可再生能源的开发，并于2009年拨款10亿美元作为生物质能研发经费。美国生物质能研发的内容非常广泛，非常重视提高光能利用效率的研究。欧盟是最重视环保和锐意开发新能源的发达国家，其中瑞典、德国等国在可再生能源利用方面走在前列。欧盟一直重视生物质能的研发，已实行了7个框架计划，其生物柴油的产业化是全球规模最大的。巴西则是发展中国家最重视生物质能利用的，其经验很值得我国借鉴。如何提高对太阳能生物转化的机制的认识，则是利用光合作用进行太阳能光生物转化的科技与产业的关键问题之一。

我国也一直致力于光生物研究，并专门设有研究光生物利用的部门。中国科学院太阳能光-生物转化研究中心是中国科学院的非法人研究单位，依托于植物研究所，青岛生物能源与过程研究所为共建单位。该中心以光合作用高效吸收和转化太阳能为出发点，以国家能源可持续发展的紧迫战略需求为导向，瞄准太阳能光生物转化的关键科学及技术问题，重点开展包括太阳能高效转能机理及调控原理、太阳能光生物转化制氢、光合作用仿生太阳光电池、太阳能光生物转化制油脂等领域的研究。在5～10年内，努力使太阳能光生物转化的基础理论取得突破。

此外，我国有关科研人员研究发现，利用光生物原理，制作出“太阳能光生物反应器”，用来培养饲料级螺旋藻。这种螺旋藻是目前饲料业最需要的环保型纯天然免疫抗病促长饲料添加剂。螺旋藻是激活动物免疫系统的最佳纯天然免疫饲料添加剂之一。利用太阳能光生物反应除了可以培养这种特殊的藻类外，同时处理有机污水，可降低污水处理成本。

知识卡片

薪炭林

薪炭林是指以生产薪炭材和提供燃料为主要目的的林木（乔木林和灌木林）。薪炭林是一种见效快的再生能源，没有固定的树种，几乎所有树木均可作燃料。通常多选择耐干旱瘠薄、适应性广、萌芽力强、生长快、再生能力强、耐樵采、燃值高的树种进行营造和培育经营，一般以硬材阔叶为主，大多实行矮林作业。

螺旋藻

螺旋藻是一类低等植物，属于蓝藻门，颤藻科。它们与细菌一样，细胞内没有真正的细胞核，所以又称蓝细菌。蓝藻的细胞结构原始，且非常简单，是地球上最早出现的光合生物，在这个星球上已生存了35亿年。它生长于水体中，在显微镜下可见其形态为螺旋丝状，故而得名。

薪炭林

第6章 造福人类——太阳能与未来世界

六、太阳能与现代交通

现代交通与太阳能联系紧密。太阳能电池应用非常广泛，我们日常使用的交通工具也陆续用上了太阳能电池。

太阳能电动车

电动车是一种以电力为能源的车子，现在我们使用的电动车一般用的是铅酸电池或是锂离子电池进行供电。而太阳能电动车是在此基础上，将太阳能转化成电能对车进行供电的，在很大程度上降低了电动车的使用成本，而且非常环保。其结构性能更加卓越超群，及时有效地补充电动车野外行驶途中的电量，增强行驶电能，维护和延长蓄电池使用寿命。设计独特，安装使用方便，保持电动车现有的配置和车辆结构，是目前同类产品中功率最大、价格最低、性能最优的太阳能充电器。使用寿命可达10年左右，特别是在提高电动车运行性能，降低电动车使用成本方面有很高的应用价值。

它的运作原理是，阳光照射电池阵列时，产生光生电流。能量(电流)通过峰值功率跟踪器被直接传送到电机控制器中，驱动电机旋转，使车辆行驶。剩余电量由蓄电池储存起来，以便太阳电池板电量不足或阴雨天气时驱动电机。这一过程由控制器控制。车辆的启动、加速、转向、制动由驾驶员操纵。

太阳能汽车

由于现代社会发展的快速需要，汽车使用越来越多，随之而来的污染问题、能源消耗问题也日益严重。太阳能汽车（solar car）是一种靠太阳能来驱动的汽车，它的特点是无污染，无噪音。相比传统热机驱动的汽车，太阳能汽车是真正的零排放。而且，太阳能汽车没有内燃机，太阳能电动车在行驶时听不到燃油汽车内燃机的轰鸣声。正因为这一环保特点，太阳能汽车被很多国家所提倡，太阳能汽车产业的发展也日益蓬勃。

太阳能发电在汽车上的应用，将能够有效降低全球环境污染，创造洁净的生活环境，随着全球经济和科学技术的飞速发展，太阳能汽车作为一个产业已经不是一个神话。燃烧汽油的汽车是城市中一个重要的污染源头，汽车排放的废气包括二氧化硫和氮氧化物都会引致空气污染，影响我们的健康。现在各国的科学家正致力开发产生较少污染的电动汽车，希望可以取代燃烧汽油的汽车。但由于现在各大城市的主要电力都是来自燃烧化石燃料的，使用电动汽车会增加用电的需求，就是间接增加发电厂释放的污染物。因此，一些环保人士就提倡发展太阳能汽车，太阳能汽车使用太阳能电池把光能转化成电能，电能会在储电池中存起备用，用来推动汽车的电动机。由于太阳能车不用燃烧化石燃料，所以不会放出有害物。据估计，如果由太阳能汽车取代燃油车辆，每辆汽车的二氧化碳排放量可减少43%～54%。

太阳能电动车以光电代油，可节约有限的石油资源。白天，太阳电池把光能转换为电能自动存储在动力电池中，在晚间还可以利用低谷电（220伏）充电。因为不用燃油，太阳能电动车不会排放污染大气的有害气体。

太阳能电池在车、船上的应用研究是相当成功的，例如，日本京都陶瓷公司和Kitami理工学院共同研制开发的太阳能汽车“蓝鹰”号，在第五届世界太阳能汽车技力赛上表现非常突出。澳大利亚的太阳能汽车Auroral01，外形新颖别致，像个飞碟。1996年日本人肯尼兹 · 霍维也号驾驶一条由回收废罐头盒制成的太阳能光电动船，整条船上的船篷都装有太阳能电池，从厄瓜多尔航行到日本，历时120天，此举充分显示了太阳能电池的广阔应用前景。

早期的太阳能汽车是在墨西哥制成的。这种汽车，外形像一辆三轮摩托车，在车顶上架有一个装太阳能电池的大棚。在阳光照射下，太阳能电池供给汽车电能，使汽车的速度达到每小时40公里，由于这辆汽车每天所获得的电能只能行40分钟，所以它还不能跑远路。

丹麦冒险家、环保倡导者汉斯斯·索斯特洛普，他在1982年设计并建造了世界上第一台太阳能汽车，并命名为“安静的到达者”号。

1984年9月，我国首次研制的“太阳”号太阳能汽车试验成功，并开进了北京中南海的勤政殿，向中央领导报喜。这也表明了我国在研制新型汽车方面已达到世界先进水平。

太阳能船

现在世界上很多国家都在研制太阳能汽车，并进行交流和比赛。1987年11月，在澳大利亚举行了一次世界太阳能汽车拉力大赛。有7个国家的25辆太阳能汽车参加了比赛。赛程全长3200公里，几乎纵贯整个澳大利亚国土。

在这次大赛中，美国“圣雷易莎”号太阳能赛车以44小时54分的成绩跑完全程，夺得了冠军。

“圣雷易莎”号太阳能赛车，虽然使用的是普通的硅太阳能电池，但它的设计独特新颖，采用了像飞机一样的外形，可以利用行驶时机翼产生的升力来抵消车身的重量，而且安装了最新研制成功的超导磁性材料制成的电机，因此使这辆赛车在大赛中创造了时速100公里的最高纪录。

此外，太阳能除了海、陆上交通使用外，在天空中的交通工具也开始参与其中了。美国研制了一种新型的太阳能电池驱动的飞行器，名为“太阳神原型机”。这架飞机质量只有700千克，翼展74米，机翼上面装有6.5万块太阳能电池板，首次试飞就成功地升到24.7千米的高空，理论飞行高度可达30．9千米。按照这样的研究进度，我们很快就可以乘坐太阳能飞机到世界各地游玩了。

太阳能飞机

太阳能滑翔机

知识卡片

峰值功率

指电源短时间内能达到的最大功率，通常仅能维持30秒左右的时间。一般情况下电源峰值功率可以超过最大输出功率50%左右，由于硬盘在启动状态下所需要的能量远远大于其正常工作时的数值，因此系统经常利用这一缓冲为硬盘提供启动所需的电流，启动到全速后就会恢复到正常水平。

厄瓜多尔

厄瓜多尔，原为印加帝国一部分。1532年沦为西班牙殖民地。1809年8月10日宣布独立，但仍被西班牙殖民军占领。1822年彻底摆脱了西班牙殖民统治。1825年加入大哥伦比亚共和国。1830年大哥伦比亚解体后，宣布成立厄瓜多尔共和国。建国后，厄瓜多尔政局一直动荡，政变迭起。文人和军人政府交替执政达19次之多。

1979年8月文人政府执政，结束了自1972年以来的军人统治。首都基多在皮钦查火山的山麓，高达2850米的海拔，使这个城市成为全世界第二高的首都（仅比玻利维亚首都拉巴斯低）。厄瓜多尔同时也是南美洲国家联盟的成员国。

图书在版编目（CIP）数据

图说来自太阳的能量——太阳能 / 左玉河，李书源主编. -- 长春：吉林出版集团有限责任公司，2012.4

（中华青少年科学文化博览丛书 / 李营主编. 科学技术卷）

ISBN 978-7-5463-8851-9-03

Ⅰ. ①图… Ⅱ. ①左… ②李… Ⅲ. ①太阳能－青年读物②太阳能－少年读物 Ⅳ. ① TK511-49

中国版本图书馆 CIP 数据核字（2012）第 053540 号

图说来自太阳的能量 —— 太阳能

作　　者／左玉河　李书源
责任编辑／张西琳
开　　本／710mm×1000mm　1/16
印　　张／10
字　　数／150千字
版　　次／2012年4月第1版
印　　次／2021年5月第4次

出　　版／吉林出版集团股份有限公司（长春市福祉大路5788号龙腾国际A座）
发　　行／吉林音像出版社有限责任公司
地　　址／长春市福祉大路5788号龙腾国际A座13楼　　邮编：130117
印　　刷／三河市华晨印务有限公司
ISBN 978-7-5463-8851-9-03　　定价／39.80元